INCERTITUDES DANS L'ESPACE TERRESTRE

Comment bien décider sans tout savoir ?

Les impliqués
Éditeur

Fondée en 2014, notre maison d'édition se consacre à la publication d'ouvrages relevant de divers domaines : littérature, récits personnels, premiers romans et nouvelles, essais en sciences humaines, religion, économie, etc.

Les impliqués ont pour vocation de publier, après sélection, les manuscrits qui leur sont confiés. Ils proposent ainsi aux auteurs de faire de leur projet d'écriture une réalité et d'éditer, après une réelle collaboration avec eux, leur ouvrage issu de leurs souvenirs, de leur imagination, de leurs rêves, de leur recherche ou encore de leur travail.

5-7, rue de l'École-Polytechnique – 75005 Paris
www.lesimpliques.fr
contact@lesimpliques.fr
ISBN : 979-10-428-0272-1
EAN : 9791042802721
Pour l'envoi de vos manuscrits : voir à la fin de cet ouvrage

Jean-François Bouchind'homme

INCERTITUDES DANS L'ESPACE TERRESTRE

Comment bien décider sans tout savoir ?

Les impliqués
Editeur

Table des matières

Table des illustrations

INTRODUCTION

L'incertitude simulée

En vivant dans des environnements artificiels, nous avons oublié les incertitudes qui jadis ponctuaient la vie de nos ancêtres chasseurs-cueilleurs. Ces derniers étaient rompus à diverses pratiques par lesquelles ils adaptaient leur action au *champ des possibles* exprimant leur incertitude. Aujourd'hui, nous serions désemparés si nous devions affronter les aléas d'un environnement naturel. Nous aurions du mal à décider en fonction de facteurs incertains déterminants pour notre action.

Beaucoup d'entre nous seraient probablement tentés d'agir en fonction d'un seul cas possible indûment privilégié. Ce faisant, ils feraient un *pari sur la réalité à laquelle ils décident de croire* au lieu de décider d'agir en fonction d'une réalité incertaine. Or, une action misant sur un seul cas possible engendrera peut-être une erreur désastreuse si l'un des autres cas se produit. Le déni d'incertitude devient alors une faute de raisonnement.

Pourtant, l'incertitude est toujours bien présente au-delà de notre fragile cocon protecteur et elle affecte nos vies. Il y a toujours des épidémies, des catastrophes naturelles et nous sommes toujours tributaires des ressources offertes par notre mère nourricière qu'est la terre. Mais, étant désormais incapables de les affronter, nous *sous-traitons la prise en charge de ces aléas à des praticiens* : médecins, géologues, météorologues, prospecteurs, météorologues, etc... Ces praticiens intègrent l'incertitude dans les méthodes qu'ils mettent en œuvre pour notre compte.

Les praticiens exploitent une *analogie* entre leur incertitude sur chaque situation particulière et une diversité d'expériences similaires déjà vécues. A l'instar de leurs ancêtres chasseurs-cueilleurs, les praticiens adoptent une *démarche en deux étapes* :

- A la *première étape*, ils ont recours à une *méthode d'investigation* pour *rattacher* leur situation particulière à un ensemble de situations semblables déjà répertoriées. Cet ensemble est un *modèle*. La diversité des cas dans ce modèle *simule leur incertitude*.
- A la *seconde étape*, ils *décident d'appliquer* à leur situation particulière la *méthode de décision* qui s'est révélée la plus efficace sur le *modèle*. Le modèle est donc la passerelle entre une situation particulière incertaine et une méthode intégrant la diversité des cas possibles.

Ainsi, un *médecin* prescrit des examens à son patient pour diagnostiquer sa *maladie,* c'est-à-dire le *rattacher à un modèle*. Puis, il le soigne en choisissant le traitement optimisé sur un *modèle* intégrant la diversité des patients ayant déjà souffert de la même maladie.

La prédiction par le savoir

Les *méthodes de décision* intègrent des *prédictions incertaines* fondées sur la diversité des cas présents dans un modèle. Les modèles sont extraits des savoirs accumulés sur des classes d'objets qui nous permettent de penser le monde et d'interagir avec lui.

Un objet est une *construction opératoire* définie impartialement par un sujet pensant. Un objet peut être une chose, un événement, un phénomène naturel, un être vivant, une formation géologique, un essai en laboratoire, etc. Un objet est pourvu de *propriétés matérielles*. Les objets sont réunis en *classes* définies par un *jeu exclusif de propriétés communes*.

Les énoncés et les méthodes qui se réfèrent exclusivement aux propriétés matérielles d'*objets pensés* ou *de classes d'objets pensés* relèvent de *l'objectivité.* S'ils incluent la moindre opinion émanant d'un *sujet pensant,* ils relèvent de la *croyance*.

L'*incertitude* et l'*intuition probabiliste*, ne se réfèrent pas aux propriétés matérielles d'un *objet pensé*. Ces notions expriment juste un ressenti dépourvu d'objectivité traduisant l'ignorance d'un *sujet pensant* sur cet *objet*. Elles sont donc totalement dépourvues d'objectivité et ne doivent pas intervenir au sein d'une méthode.

Sur un *objet particulier isolé*, il est impossible de prédire une propriété inconnue. Seules des pratiques divinatoires prétendent prédire l'avenir ou la présence d'objets cachés. Ces prédictions et les paris qui en découlent ne relèvent pas de l'objectivité puisqu'elles sont fondées sur les croyances de *sujets pensants*.

Sur un *objet particulier* rattaché à une *classe d'objets*, la prédiction devient en revanche possible. Sur tout nouvel objet rattaché à une classe :

- On *prédira avec certitude* la présence des autres propriétés communes
- On *prédira avec incertitude* la présence de propriétés variables en fonction de leurs fréquences au sein de la classe.

Ainsi, l'observation de plumes sur un animal permet de le rattacher à la classe des oiseaux. On prédit alors *avec certitude* qu'il est bipède et *avec incertitude* qu'il a des chances de voler puisqu'un oiseau vole fréquemment.

Les *classes d'objets* et les distributions de fréquences de leurs propriétés variables sont donc à l'origine des *modèles prédictifs* sur lesquels sont développées les méthodes à l'intention des praticiens. Les classes d'objets supportent également des *interprétations scientifiques*. C'est en ce sens qu'on pratique une science.

Etant définis exclusivement sur des propriétés matérielles d'objets, les classes d'objets, les distributions de fréquences, les modèles et les méthodes sont au cœur de toutes les *pratiques objectives* décrites dans ce livre.

L'incertitude sur le savoir

Pourtant, cette objectivité du *savoir pratiqué* a longtemps été contestée. En effet, un savoir est construit sur des objets connus déjà rencontrés, mais, *il est utilisé sur des objets inconnus non encore rencontrés*. Or, ces derniers pourront avoir un comportement différent. Une *incertitude sur le savoir* se superpose donc à *l'incertitude simulée*. Or, contre cette *incertitude sur le savoir*, personne ne peut rien sauf attendre une *réfutation du savoir existant* par de nouveaux objets encore inconnus.

Pour agir, le praticien serait donc *obligé de croire* que chaque nouvel objet se comportera conformément aux savoirs établis dans le passé. Cette *objection* vaut également pour des interprétations scientifiques toujours susceptibles d'être réfutées. Les scientifiques, praticiens ou chercheurs, devraient alors composer avec la croyance au même titre que les professionnels du « faire croire » : prêtres, commerciaux, rebouteux, politiques, radiesthésistes, astrologues, sorciers, naturopathes, etc. La *pensée scientifique* ne pourrait donc se *démarquer* de la *croyance.*

Heureusement, *ce refus de démarquer un savoir objectif d'une croyance n'est pas justifié*. Même mis en défaut, un savoir exclusivement construit sur des propriétés matérielles reste bel et bien objectif. Le praticien ne croit pas en une méthode, il l'applique car c'est la meilleure méthode disponible à un instant donné. De même, le chercheur ne croit pas en une théorie puisqu'il cherche à la réfuter pour en construire une meilleure.

Le praticien est conscient que *son savoir est incertain*. Il sait que son action peut se solder par un échec et que cet échec va contribuer à faire progresser ses méthodes. En principe, *nous sommes mieux soignés aujourd'hui qu'hier et nous devrions l'être encore mieux demain*. A l'inverse d'une croyance figée dans l'esprit des sujets pensants, un savoir objectif *progresse au gré d'échecs* successifs. La *culture de l'échec* est la culture commune de tous les scientifiques, qu'ils soient praticiens ou chercheurs.

C'est précisément par leur faillibilité que les savoirs objectifs se *démarquent* des croyances. Les méthodes progressent par leurs erreurs. Les théories scientifiques progressent par la réfutation. Le *critère de l'objectivité de Karl Popper*, fondé sur la réfutabilité, est donc aussi le *critère de démarcation* entre un savoir objectif et une croyance.

L'apport de la science

Les *méthodes* progressent non seulement du fait de leurs propres échecs mais aussi dans le sillage d'une *recherche scientifique* qui, elle-même, progresse au gré de réfutations affectant des théories établies. Toutes les pratiques modernes sont tributaires de sciences qui suggèrent des méthodes par diverses interprétations et de technologies qui améliorent des moyens d'observation de la nature.

Les *sciences de la terre* sont des *sciences descriptives*. Elles interprètent des classes de phénomènes en recherchant leurs causes dans l'espace terrestre. Le chercheur réfute une *interprétation* émise a priori en constatant sur un objet nouveau l'absence d'une cause requise par cette interprétation. Il s'efforce ensuite de proposer une *nouvelle interprétation* intégrant ce nouvel objet.

Partant des effets visibles pour remonter aux causes, *les interprétations sont dépourvues de potentiel prédictif*. Elles se bornent donc à inspirer des méthodes. Dans un espace terrestre mouvant et très partiellement observable, les sciences de la terre ne peuvent engendrer du *savoir fondamental*. De ce fait, les interprétations progressent souvent à la suite de découvertes scientifiques ou de techniques extrinsèques.

Dans le domaine terrestre, les théories issues des *sciences expérimentales* fournissent des prédictions exactes. Elles constituent le *savoir fondamental* qu'on trouve au cœur des *technologies* modernes. Ces technologies contribuent indirectement à faire progresser les sciences de la terre et leurs pratiques. Mais, elles ont aussi créé les *environnements artificiels* dans lesquels nous vivons actuellement. A un moment où nous sommes menacés par des crises planétaires sans précédent, cette artificialisation de nos vies a engendré un dangereux désintérêt pour des pratiques et des sciences capables de composer avec les aléas terrestres.

Les pouvoirs de la croyance

Les croyances ont toujours été des outils de manipulation des esprits pour qui veut imposer son point de vue et sa loi. Les religions de jadis étaient de redoutables auxiliaires pour divers pouvoirs autocratiques. Elles ont largement contribué à freiner le progrès des certains savoirs dérangeants.

Depuis la révolution libérale et l'ouverture des marchés des années 80, *le pouvoir est mondialisé et économique*. Notre monde économique actuel doit créer la croissance dont il se nourrit. Il faut toujours produire plus sur des marchés toujours en expansion. Le progrès des savoirs ne doit pas contrarier le pouvoir économique en freinant la *sacro-sainte croissance*. Il n'est pas question de restreindre l'accaparement et le gaspillage des ressources terrestres par les acteurs économiques. Pour être acceptable, une mesure contre la crise écologique qui nous menace doit être compatible avec la croissance.

Mais, en plus d'entraver le progrès dans les domaines qui le dérangent, le pouvoir économique s'attaque inconsciemment à la source de tout progrès qu'est la *culture de l'échec*. Aujourd'hui, un projet industriel engendre une activité contribuant à la croissance même s'il se solde par un échec. L'essentiel est qu'il soit financé par des investisseurs. Il vaut mieux oublier les échecs plutôt que d'en tirer les leçons au risque de faire hésiter d'autres investisseurs. Le *culte de la réussite* qui fait croire est bien plus efficace pour la croissance que la *culture de l'échec* qui fait réfléchir et progresser.

A l'exception de quelques secteurs privilégiés pour leur forte rentabilité, *la croissance n'engendre donc pas le progrès* contrairement à ce qu'on imagine parfois. C'est même exactement le contraire. Mais, la situation pourrait évoluer, car notre système économique est pyramidal et par conséquent fragile. Or, la confiance dont il est *tributaire* montre aujourd'hui des signes de faiblesse. Des bouleversements nous attendent et ce n'est pas une perspective réjouissante, car si l'économie est un facteur de paix, le progrès est souvent un sous-produit de la guerre.

Les méthodes du praticien

A l'inverse de leurs ancêtres chasseurs-cueilleurs les praticiens ne se contentent plus des expériences acquises par eux ou leurs proches. Leurs pratiques sont issues d'une *recherche méthodologique* bien structurée qui leur livre deux catégories de méthodes : des *méthodes d'investigation* et des *méthodes de décision*. C'est à ces deux catégories de méthodes qu'est, pour l'essentiel, consacré ce livre.

Les *méthodes d'investigation* collectent des informations sur les propriétés d'un objet particulier en vue de le rattacher à un modèle. Une *méthode d'investigation* procède par *élimination* des classes de rattachement requérant une propriété qui s'avère absente sur l'objet particulier inconnu déterminant pour l'action. L'investigation prend fin quand subsiste une seule classe de rattachement possible. Si l'appartenance à cette classe n'est pas certaine, l'investigation s'arrête au stade d'un *modèle englobant la classe* et laissant subsister l'incertitude sur l'appartenance à la classe. L'investigation couvre 3 stratégies différentes : les *stratégies d'identification*, les *stratégies de prévention* et les *stratégies de recherche*. Dans les stratégies de prévention et de recherche, l'investigation porte sur plusieurs objets à la fois : sites géographiques, entités géologiques, etc... L'élimination des classes de rattachement va alors de pair avec l'élimination d'objets via des rattachements sommaires en cours d'investigation.

Les *méthodes de décision* affectent à un objet particulier imparfaitement connu le traitement optimisé sur le modèle auquel il a été rattaché. Le contenu technique des traitements ne sera pas abordé dans ce livre, car il est trop lié au métier exercé par le praticien. Nous nous bornerons à *décider sur un modèle* d'un traitement parmi plusieurs : choix du meilleur traitement pour une maladie, pour un minerai, etc... Ce choix se complique s'il est conditionné par une propriété des objets du modèle. Ainsi, le traitement d'un malade peut être conditionné par la présence d'antécédents cardiaques. De même, le traitement d'un minerai peut être conditionné par son appartenance à un intervalle de coupure sur une variable informante.

En *Gestion des Ressources*, le choix des intervalles de coupure affectés à tel ou tel traitement est primordial pour optimiser le prélèvement et la préservation d'une ressource. Mais, toutes les décisions ne sont pas des sélections par coupure sur des séries d'objets. Pour réguler une production, il faudrait connaître pour chaque objet la distribution au sein du modèle d'une variable à estimer dans un intervalle de coupure infiniment étroit encadrant la réalisation d'une variable informante. Mais, cet intervalle est toujours quasiment vide de données. Les *méthodes d'estimation* sont conçues pour reconstituer au mieux cette distribution manquante, ou du moins estimer sa moyenne. Pour estimer une ressource terrestre disséminée au sein d'un sous-sol opaque, on fait appel à la *Géostatistique* qui estime des unités découpant un objet unique reconnu par une grille de reconnaissance.

Nous venons de faire un tour d'horizon très résumé sur le contenu de ce livre. Les notions ainsi esquissées vont être approfondies sur 6 chapitres. Le Chapitre 1. LE SAVOIR précisera les termes et les notions essentielles. Le Chapitre 2. LA SCIENCE évoquera l'évolution de la pensée scientifique. Le Chapitre 3. LA CROYANCE évoquera les déviances dues à la perte de l'objectivité. Les Chapitres 4,5 et 6 traiteront respectivement de L'INVESTIGATION, LA DECISION et L'ESTIMATION.

Chapitre 1. LE SAVOIR

1.1 Les modes d'inférence

Un syllogisme est un énoncé logique dans lequel deux prémisses conduisent à une conclusion. Le syllogisme le plus connu est celui d'Aristote illustrant la déduction : « *Socrate est un homme, or tous les hommes sont mortels, donc Socrate est mortel* ». Nous allons partir d'un syllogisme semblable et en permuter les termes pour décrire 3 modes d'inférence.

Induction

La première permutation du syllogisme : « Marcel a des plumes et Marcel est bipède, donc tous les animaux à plumes sont bipèdes », est une *induction*. Partant de deux prémisses particulières, *l'induction nous conduit à une conclusion générale incertaine*. Nous sommes seulement induits à penser que, peut-être, tous les animaux à plumes sont bipèdes parce que nous en avons rencontré un qui l'est.

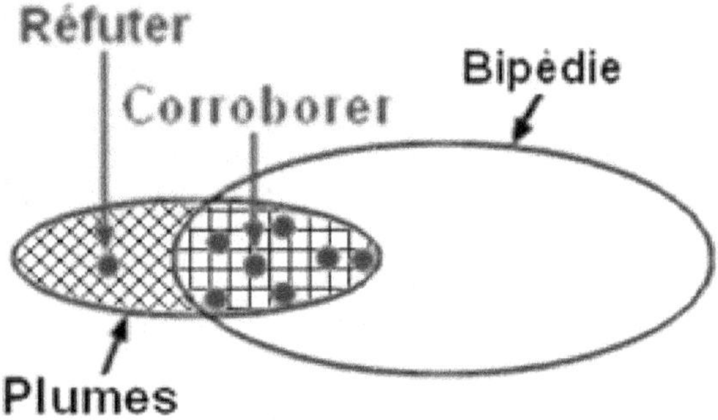

Figure 1 : Inférence par induction

La répétition du même constat (« Tous les animaux à plumes rencontrés continuent d'être bipèdes ») corrobore l'inférence par induction. Mais, rien ne prouve qu'un jour, je ne vais pas rencontrer un quadrupède à plumes. Dans ce cas, l'inférence par induction serait définitivement réfutée. Un *savoir induit* est donc toujours incertain car potentiellement réfutable par une seule observation contradictoire. Une induction pourra s'avérer fausse, mais, rien ne prouvera jamais qu'elle soit vraie dans un monde non observable dans sa totalité.

Dans le monde vivant actuel, on est certain que seuls des animaux bipèdes portent des plumes et que ce sont les oiseaux. Dans notre exemple, l'inférence par induction peut donc être considérée comme vérifiée. Mais, quand on élargit le domaine d'observation à l'ensemble des animaux ayant vécu sur terre, c'est déjà moins évident. Comment être certain qu'il n'existe pas un fossile de quadrupède à plumes dans une strate géologique ?

L'induction : « Marcel est bipède et Marcel a des plumes, donc tous les animaux bipèdes ont des plumes » obéit à la même logique. Elle aurait été très plausible à l'époque où les oiseaux existaient et non les hommes, mais, aujourd'hui, elle serait vite réfutée. Citons quelques exemples d'induction :

- Le soleil s'est levé aujourd'hui, hier, avant-hier et les jours précédents. Donc, je suis induit à penser que le soleil se lèvera partout et toujours toutes les 24 heures.
- Tous les animaux couverts de plumes que j'ai observés sont bipèdes et ont un bec. Je suis induit à penser que tous les animaux couverts de plumes sont bipèdes et ont un bec.
- Je n'ai trouvé des fossiles que dans des formations sédimentaires. Donc, je suis induit à penser que des fossiles ne se trouvent que dans des formations sédimentaires.

L'induction infère un *savoir général* à partir de l'observation de plusieurs cas particuliers. Ce *savoir est incertain,* car il est impossible de prouver qu'il restera toujours vrai. Mais, on peut le réfuter de façon certaine en montrant qu'il est faux sur un seul cas particulier. Tous les savoirs que nous pratiquons sont incertains car induits à partir d'un *ensemble non exhaustif de cas particuliers*. Une inférence par induction est donc bien *une croyance fondée sur l'habitude*.

Mais, *l'induction n'est pour rien dans la construction d'un savoir* qu'il soit scientifique ou pratique, car tous les savoirs se construisent par des *réfutations* successives des savoirs précédemment établis. Contrairement à ce qu'on a longtemps cru, l'induction n'est donc pas le mode d'inférence des recherches scientifiques, technologiques ou méthodologiques. Toute recherche progresse par des certitudes négatives nées de réfutations.

Déduction

La seconde permutation du syllogisme : « Marcel a des plumes, or tous les animaux à plumes sont bipèdes, donc Marcel est bipède » est une inférence par *déduction*. Partant d'une prémisse particulière et d'un savoir général, la *déduction* nous conduit à une *conclusion particulière certaine*.

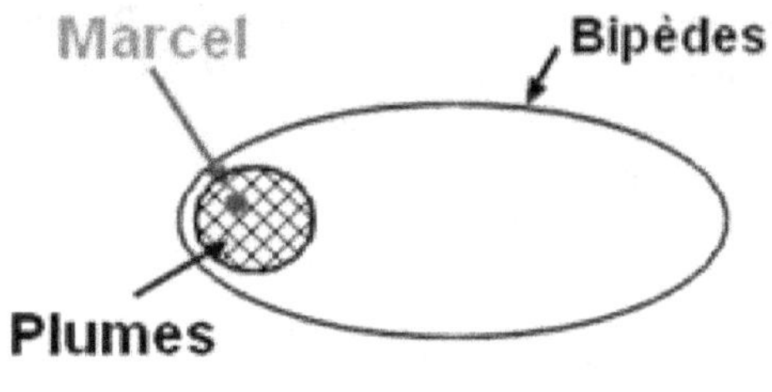

Figure 2 : Inférence par déduction

Citons quelques exemples de *déduction* :

- Le soleil se lève toujours toutes les 24 heures, j'en déduis donc que le soleil se lèvera demain.

- Les hommes sont mortels. Or, Socrate est un homme, donc, Socrate est mortel.
- Les fossiles ne se trouvent que dans des formations sédimentaires. J'observe un fossile, donc je suis dans une formation sédimentaire.

La déduction est le mode d'inférence des logiciens et des mathématiciens qui raisonnent à partir de postulats vrais par définition. Les scientifiques font appel à la déduction à partir d'un savoir incertain inféré par induction. La conclusion particulière déduite d'un savoir général faux le sera également.

Abduction

La dernière permutation du syllogisme d'Aristote : « Marcel est bipède, or tous les animaux à plumes sont bipèdes, donc Marcel a des plumes » est une inférence par *abduction*. Partant d'une prémisse particulière et d'une prémisse générale, l'*abduction* nous conduit à *une conclusion particulière incertaine*. La bipédie ne fait que suggérer que Marcel pourrait porter des plumes, c'est-à-dire être un oiseau.

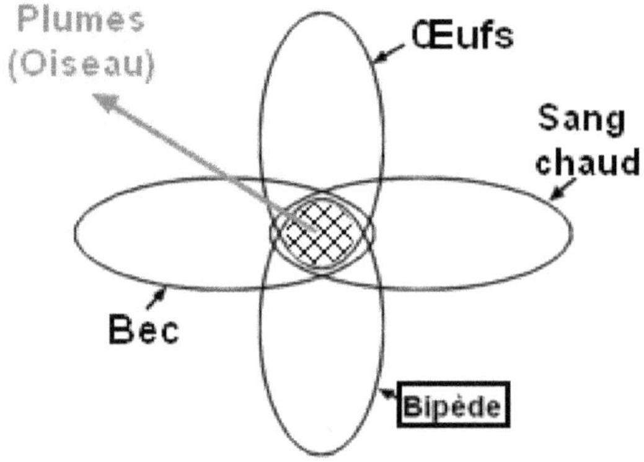

Figure 3 : Inférence par abduction

La bipédie est une *condition nécessaire* pour que Marcel soit un oiseau. D'autres conditions imposées par le savoir induit conforteraient l'hypothèse que Marcel pourrait être un oiseau puisque tous les oiseaux sont des bipèdes à sang chaud, ont un bec et pondent des œufs. Une abduction devient une déduction si le jeu des propriétés observées est exclusif d'une classe d'objets. Plusieurs jeux de propriétés peuvent être exclusifs d'une même classe d'objets. *Démontrer l'exclusivité de chacun d'entre eux dans tout le règne animal ne serait pas facile.*

Mais, une seule condition absente suffit à éliminer la possibilité que Marcel soit un oiseau porteur de plumes. Plutôt que de s'interroger sur l'exclusivité des propriétés des classes auxquelles Marcel pourrait appartenir, on procède par *élimination des classes* auxquelles Marcel ne peut appartenir. Citons quelques exemples d'abduction :

- La rougeole donne nécessairement des boutons. Un patient qui a des boutons a peut-être la rougeole. Mais, il est certain qu'il n'a pas la rougeole s'il n'a pas de boutons.
- Les hommes sont mortels. Or, Socrate est mortel, donc, Socrate est peut-être un homme. Mais, il est certain qu'un être immortel n'est pas un homme.
- Les fossiles se trouvent nécessairement dans des terrains sédimentaires. On découvrira peut-être des fossiles en milieu sédimentaire. Mais, il est certain qu'il n'y en a pas ailleurs.

L'*abduction* est le mode d'inférence des *praticiens* en cours d'investigation. Les médecins y ont recours pour diagnostiquer une maladie, les prospecteurs pour trouver un gisement, les météorologues pour prédire une tempête, les détectives pour identifier un coupable, etc... Tous réduisent un « champ des possibles » en éliminant des cas possibles sur absence d'une condition imposée par un savoir induit. Les praticiens sont donc confrontés à une double incertitude : l'incertitude sur l'objet déterminant leur action et l'incertitude sur le savoir pratiqué.

1.2 La structuration du savoir

Dans notre syllogisme, « Marcel » est un *objet*, la bipédie est une *propriété*, les animaux à plumes forment une *classe*, celle des oiseaux. Dans ce livre, le terme de classe ne fait pas référence à la taxonomie. Il est utilisé pour tous les niveaux hiérarchiques. Ces 3 termes sont parmi les plus utilisés dans ce livre.

La classification des objets

Un *objet* est une construction opératoire définie impartialement par un *sujet pensant* pour penser le monde matériel. L'objet peut être une « chose » : personne, plante, malade, gisement, etc. Il peut être un « phénomène » : séisme, éruption, un éboulement, etc. Il peut aussi être un essai expérimental sur un phénomène recréé artificiellement en laboratoire.

Par sa présence ou son absence, une *propriété* sert à décrire un *objet*. La taille, la teneur, l'épaisseur, la couleur, la forme sont des propriétés pour certains objets et non pour d'autres. Une propriété peut se décliner sur des *sous-propriétés qui s'excluent mutuellement*. Un objet coloré sera jaune, bleu ou rouge. Une propriété peut aussi se décliner sur un *champ continu de mesures* et devient ainsi une *variable numérique* comme, par exemple, une teneur, une taille ou une température.

Une *classe* est un ensemble d'objets partageant plusieurs *propriétés communes*. Parmi ces propriétés communes, on distingue au moins un jeu exclusif de propriétés essentielles et des propriétés induites qui leur sont toujours associées. Les objets d'une classe peuvent être également pourvus de propriétés variables. La propriété d'une classe se distribue sur ses différentes sous-propriétés en leur attribuant une fréquence d'objets. Ainsi, la propriété « être coloré » se distribuera sur différentes couleurs.

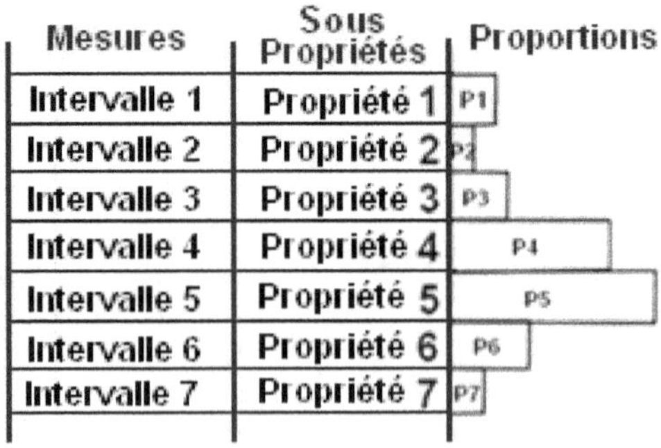

Figure 4 : Distribution de fréquences pour une propriété

De la même façon, les variables numériques décrivant les objets d'une classe se distribuent sur des intervalles. La distribution des fréquences d'une propriété variable caractérise une classe au même titre qu'une propriété commune. Ainsi, la distribution de la taille des souris est très différente de celle des éléphants. *Une telle distribution est objective même si elle porte sur une classe et non sur un objet.*

La *classification* des *objets* supporte nos différents savoirs et savoir-faire. Elle est hiérarchisée en différents niveaux par dichotomie sur les propriétés. Le terme de classification doit être pris au sens très large. Il désigne aussi bien la classification des êtres vivants qu'une classification construite sur mesure pour le processus d'élimination propre à un type d'investigation. Une même classe peut appartenir à plusieurs classifications couvrant divers aspects de l'investigation. En général, une classe supporte une *interprétation scientifique* qui *relie ses propriétés en termes de causes et d'effets.*

Réfutation : le progrès du savoir

Les classes et leurs interprétations évoluent dès qu'un nouvel objet les réfute :

- « Marcel porte des plumes et il a des dents. Il ne peut donc appartenir à la classe des oiseaux qui n'ont pas de dents ». Il était donc inclassable jusqu'à la découverte du premier dinosaure à plumes et le remaniement de la classification qui s'en est suivi.
- « Au sommet de l'Everest, l'eau bout à 70°C au lieu des 100°C jusqu'alors constatés ». La réfutation de la règle des 100° établie au niveau de la mer a débouché sur une règle plus générale couvrant un domaine plus étendu.
- « Au-delà des cercles polaires, le soleil ne se lève pas tous les jours contrairement à la règle établie à des latitudes plus basses ». La règle établie sous nos latitudes a été réfutée quand l'homme s'est aventuré en direction des pôles. Cette réfutation a fait progresser l'astronomie.

A chaque nouvel objet incompatible avec le savoir établi, on se demande *en quoi* et *pourquoi* il est différent des autres. La définition et l'interprétation des classes résultent d'une succession de remises en cause et ne doivent rien à l'induction. *Ce n'est pas l'induction qui fait progresser la classification supportant nos savoirs, c'est la réfutation.* La création du savoir ne doit donc rien à la croyance. Cette règle vaut à la fois pour les sciences, les techniques et les pratiques.

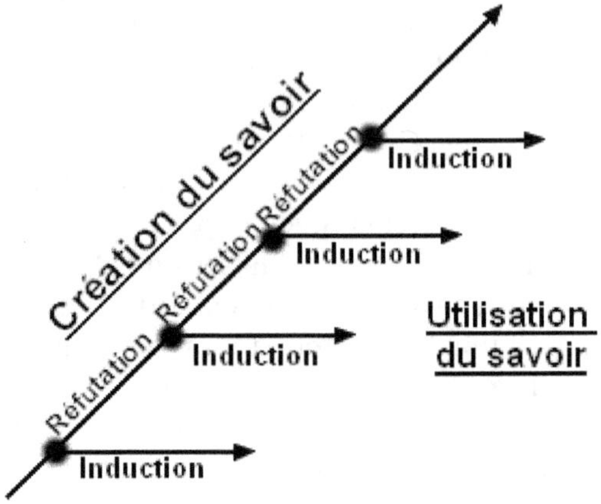

Figure 5 : Création et utilisation d'un savoir objectif

Mais, même si le processus de pensée qui l'a engendré n'est pas l'induction, le savoir utilisé à un moment donné reste de facto induit sur un ensemble d'objets déjà rencontrés. Les praticiens sont donc contraints d'utiliser des savoirs potentiellement faux puisque fondés sur une classification toujours en gestation. *Ces savoirs n'en sont pas moins objectifs puisque fondés exclusivement sur les propriétés des objets.*

Prédiction : l'usage du savoir

Le savoir contenu dans la classification est construit sur des *objets réalisés* dont toutes les propriétés utiles sont censées être connues. La prédiction concerne des *objets non réalisés* rattachés à une classe par un jeu de propriété exclusif à cette classe. Le rattachement à une classe permet sur deux types de prédictions :

- *Des prédictions certaines* : On prédira avec certitude que l'objet rattaché possédera toutes les autres propriétés communes de la classe. Un oiseau identifié par la présence de plumes est bipède, a un bec, a un sang chaud et pond des œufs.
- *Des prédictions incertaines* : Le champ des possibles pour l'objet rattaché sera *simulé* par des distributions de fréquence de propriétés variables ou de variables numériques dans la classe. Une certaine proportion des oiseaux rencontrés peut voler, manger des graines, être adapté au froid, etc…

En *simulant l'incertitude*, une distribution de fréquences sur les *objets réalisés* de la classe se substitue à une distribution de probabilités sur tout *objet non réalisé* particulier rattaché à cette classe. La distribution de fréquences construite sur les propriétés matérielles variables des *objets réalisés* de la classe est objective. En revanche, une distribution de probabilités sur un *objet non réalisé isolé* ne le sera jamais.

Parfois, aucun jeu exclusif de propriétés permettant le rattachement à une classe n'est pas observable au moment de passer à l'action :

- Ainsi, en prévention de catastrophes, le praticien doit agir avant la catastrophe.
- De même, un prospecteur doit, par définition, agir avant d'avoir découvert un gisement.

Le modèle sera alors non pas une classe d'objets, mais, l'ensemble des cas présentant les seules propriétés communes de la classe *observables avant d'agir*. Ces propriétés sont nécessaires mais non suffisantes pour que l'*objet non réalisé* appartiennent à la classe. Le rattachement se fait donc à un *modèle prédictif* englobant des objets réalisés appartenant à une classe et d'autres ne lui appartenant pas. L'appartenance à la classe est alors une propriété variable du modèle. Sa fréquence simule la probabilité qu'un phénomène se produise ou non.

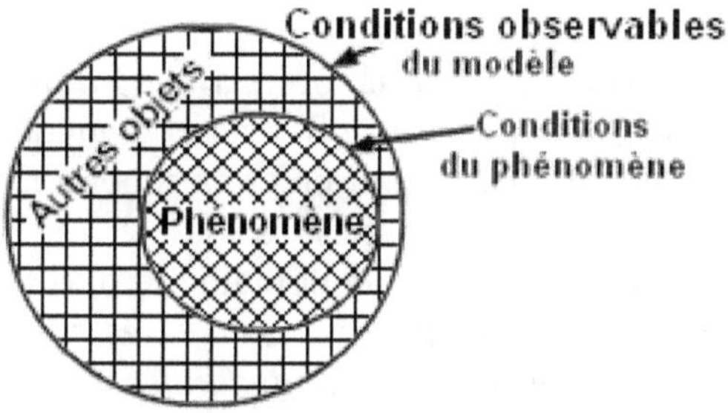

Figure 6 : Modèle englobant le phénomène à prédire

L'observation de certaines propriétés sur un *objet non réalisé* permet de le rattacher à un modèle. Des prédictions certaines ou incertaines sont alors possibles sur cet *objet non réalisé et rattaché*. Il devient un *objet réalisé* après que ces prédictions se soient réalisées avec ou sans intervention du praticien.

1.3 Des méthodes pour construire le savoir

La méthode expérimentale

La *méthode expérimentale* est une *méthode scientifique* visant à expliquer des phénomènes naturels reproductibles en laboratoire. Le chercheur émet une conjecture sur le lien de cause à effet expliquant un phénomène non encore expliqué. Puis, il monte une expérience *en créant des causes selon un protocole bien contrôlé* pour être certain que les effets observés résultent exclusivement de ces causes. Enfin, il vérifie que les effets observés à l'issue de différents essais sont tous conformes à ceux prédits par sa conjecture sur un domaine le plus large possible. Chaque essai a le statut d'un objet et l'expérience a le statut d'une classe.

Le chercheur procède donc en 4 étapes :

1. Il prend acte de la *réfutation d'une théorie* sur un domaine plus large que celui sur lequel elle a été établie.
2. Il *émet une conjecture* sous la forme d'une formule mathématique plus générale décrivant un lien de cause à effet sur ce domaine élargi.
3. Il *monte une expérience* pour créer en laboratoire les causes censées produire les effets prédits par la conjecture.
4. Il *procède à des essais* sur un domaine le plus large possible. Si tous les essais sont concluants, *la conjecture est validée et devient une théorie*. Si un seul essai échoue *la conjecture est abandonnée*.

Une théorie établie sur le domaine couvert par l'expérience pourra toujours être réfutée au-delà. Si on s'élève en altitude, l'eau va bouillir à moins de 100°c et l'accélération de la pesanteur terrestre va diminuer. Les théories établies aux basses altitudes sont réfutées en altitude. La recherche progresse *dans la foulée d'évolutions techniques* permettant d'explorer des domaines de plus en plus vastes.

Au-delà du domaine exploré, une théorie n'échappe pas à l'incertitude afférente à l'induction. Elle ne pourra jamais revendiquer l'universalité. Mais, à l'intérieur du domaine couvert par l'expérience, les sciences expérimentales livrent des *prédictions exactes* supportées par des *théories formelles*. Ce sont des *sciences exactes*. Les *savoirs fondamentaux* fournis sont considérés comme certains au sein du *domaine terrestre* et alimentent les interprétations en *sciences de la terre*.

Ces *prédictions exactes* alimentent également la *recherche technologique*. Cette dernière recourt à l'expérimentation pour développer des applications utiles. La technologie accroit nos capacités à explorer le monde et contribue ainsi à faire progresser toutes les formes de science. Elle contribue également à artificialiser nos modes de vie et à nous faire perdre nos réflexes et nos compétences face aux aléas de la nature.

La méthode descriptive

Certains phénomènes terrestres se développent à une échelle incompatible avec celle du laboratoire. La *méthode descriptive* est une *méthode scientifique* visant à interpréter ces phénomènes directement à l'échelle du terrain. Le chercheur émet une conjecture interprétant une *classe d'objets réalisés*. Il vérifie pour chaque objet de cette classe la présence de toutes les *causes imposées* par cette interprétation. Si une seule de ces causes manque à l'appel sur un seul objet, l'interprétation est réfutée. Le chercheur émet alors une autre conjecture.

Le chercheur procède donc en 4 étapes :

1. Il réfute la *définition d'une classe* par l'absence d'une propriété commune de cette classe sur un nouvel objet.
2. Il *réfute l'interprétation de cette classe* si cette propriété était une cause imposée par son interprétation.
3. Il *émet une conjecture* remaniant et réinterprétant la classification de façon à intégrer ce nouvel objet.
4. Il *vérifie sur les descriptions archivées* la compatibilité de la conjecture avec la classification remaniée. Si c'est le cas, il valide la classification et la conjecture. Sinon, il émet une autre conjecture.

La méthode descriptive fait progresser la définition et l'interprétation des classes. L'interprétation superpose un lien de causalité au lien empirique constaté entre les propriétés d'une classe. Le terme d'interprétation a été préféré au terme de théorie que nous réservons aux *sciences exactes*. La méthode descriptive est surtout dédiée aux *sciences de la terre* au sens large.

Le domaine terrestre étant souvent caché, les interprétations sont fondées sur des observations lacunaires. Autrement dit, *les propriétés des objets réalisés sont souvent loin d'être parfaitement connues*. Parfois, les causes potentielles restent cachées et rendent toute interprétation inconcevable. Parfois, il est difficile de *distinguer avec certitude une cause absente d'une cause cachée* et plusieurs interprétations divergentes peuvent coexister longtemps. Pour rester objectif, le chercheur doit conserver toutes les interprétations non réfutées et éviter de privilégier celle qui a sa préférence ou celle de ses commanditaires.

Souvent, pour lever l'incertitude sur les interprétations, le chercheur doit attendre l'émergence fortuite d'événements externes à sa discipline. Ces événements peuvent provenir d'autres disciplines scientifiques, de nouvelles méthodes d'exploration du monde ou de l'échec de méthodes mises en œuvre par les praticiens. La *méthode descriptive* est tributaire de savoirs importés et ne peut créer de savoirs fondamentaux. Les interprétations en sciences de la terre restent toujours teintées d'incertitude. La notion de domaine n'y a aucun sens puisque les sciences de la terre se cantonnent à un domaine unique, l'espace terrestre.

Le travail du chercheur rejoint souvent celui du *praticien d'investigation*. Les deux explorent l'espace terrestre. Le premier recherche les causes censées avoir produit les effets constatés sur une classe d'objets réalisés à interpréter. Le second recherche les mêmes causes pour prédire les propriétés encore inconnues d'un objet non réalisé. Tous deux utilisent une classification et contribuent à la faire évoluer en la mettant en échec.

Partant des effets pour remonter aux causes sur des objets réalisés, une interprétation en sciences de la terre ne peut fournir des prédictions recyclables au sein d'une *méthode de décision qui part des causes pour agir sur les effets*. Elle se borne à inspirer ces méthodes qui restent à tester et à valider par une *recherche méthodologique autonome*.

+ **Les méthodes d'investigation**

Une *méthode d'investigation* permet à un *praticien* de rattacher un *objet non réalisé* à un modèle formé *d'objets réalisés*. Le praticien parcourt une liste de classes présumées et élimine les classes pour lesquelles une propriété commune est absente sur *l'objet non réalisé*. Ainsi, partant d'une liste de maladies présumées en fonction des symptômes de son patient, un médecin prescrit des examens pour éliminer les maladies incompatibles avec les résultats de ces examens. Les praticiens des sciences de la terre emploient la même démarche, mais, faute de pouvoir observer toutes les propriétés d'une classe, ils doivent parfois arrêter l'investigation au stade d'un modèle englobant la classe.

Une *méthode d'investigation* se fonde donc sur les propriétés communes *d'objets réalisés*. Elle optimise l'ordre d'observation de ces propriétés sur *l'objet particulier* à rattacher. En général, les informations sont collectées dans l'ordre croissant de leur coût d'acquisition.

Une *méthode d'investigation* est objective et améliorable. En aucun cas, elle se fonde sur la *probabilité de rattachement* à un modèle. Elle fonctionne exclusivement par *élimination de modèles* sur absence de conditions nécessaires. Une erreur survient quand un modèle est éliminé en raison d'une condition qui n'était pas nécessaire. L'amélioration des *méthodes d'investigation* est parfois limitée par la difficulté à constater leurs défaillances à postériori.

Les *stratégies d'identification* se bornent à rattacher un *objet non réalisé* à une classe. On identifie des roches, des maladies, des biotopes, des formations géologiques, etc... L'erreur est constatée avant l'action par l'échec à identifier une classe.

Les *stratégies de prévention* rattachent à un modèle le risque d'une catastrophe naturelle soit dans un espace géographique, soit dans le temps à un endroit donné. L'erreur est constatée si une catastrophe imprévue se produit sans avoir déclenché d'action préventive. Une catastrophe ne passant pas inaperçue a posteriori, cette erreur permet d'améliorer l'investigation pour l'avenir.

Les *stratégies de recherche* visent à réduire un territoire de recherche en se rattachant à des *modèles géologiques* de plus en plus détaillés et en les utilisant pour poursuivre la recherche. Une défaillance de la méthode d'investigation passe généralement inaperçue car la présence éventuelle de l'objet recherché sur un territoire abandonné ne peut être constatée a posteriori. Pour une stratégie de recherche, l'amélioration par l'échec n'est donc pas facile.

Les méthodes de décision

Une *méthode de décision* permet de *choisir le meilleur traitement* à appliquer à un objet pour le faire passer d'un état initial à un état final le plus conforme possible à un objectif. La satisfaction tirée de l'état final obtenu se mesure à la *valeur ajoutée* par un traitement. Le meilleur traitement est donc celui qui maximise cette valeur ajoutée.

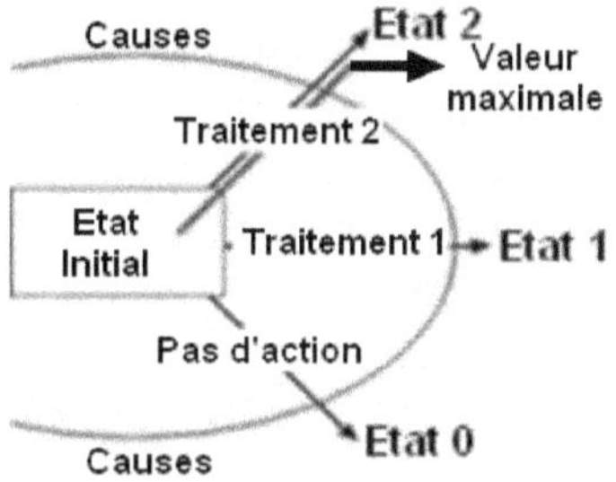

Figure 4 : Choix d'un traitement

Les traitements à essayer sont inspirés par des interprétations scientifiques. Ils sont objectifs et améliorables. Ce livre traite du choix des traitements dans le cadre d'une recherche méthodologique et non de l'amélioration de leur contenu technique.

Nous distinguerons 4 cas sachant que seuls les deux derniers intègrent l'incertitude :

- *Cas n° 1 : L'état initial est fixé et les effets du traitement sont certains.* L'opérateur essaie physiquement des états initiaux et plusieurs traitements jusqu'à obtenir par tâtonnements un état final maximisant la valeur. Les mêmes causes engendrant les mêmes effets, ces résultats sont certains à condition que l'opérateur sache *reproduire à l'identique* les conditions ainsi optimisées. C'est ainsi qu'ont été mis au point des *procédés de fabrication* de plus en plus élaborés en métallurgie, construction, hydraulique, mécanique, etc... Ces traitements fournissent des résultats certains sur des états initiaux fixés. Ils sont toujours améliorables ce qui garantit leur objectivité.

- *Cas n° 2 : L'état initial est connu et les effets du traitement sont calculables.* En médecine, il est impossible de calculer les effets d'un traitement à partir d'une description numérique de l'état initial du patient. Mais, en génie civil, il est possible de calculer le comportement mécanique d'un ouvrage en connaissant le terrain et les matériaux utilisés. En mine, on peut imaginer de calculer par une *fonction de valorisation* la valeur du traitement d'un bloc de minerai dont l'état initial est décrit par une ou plusieurs *variables dites valorisantes*. Pour simplifier l'exposé, nous n'en considérons qu'une : la teneur. Chaque *fonction de valorisation* associée un traitement est censée être étalonnée expérimentalement sur une gamme de teneurs. On calcule la valeur de chaque traitement en appliquant sa *fonction de valorisation* à la teneur moyenne de l'objet particulier connu. On retient ensuite le meilleur traitement qui reste néanmoins toujours améliorable et objectif.
- *Cas n° 3 : L'état initial est incertain et les effets du traitement ne sont pas calculables.* L'état initial d'un objet étant incertain et les effets des traitements ne pouvant être calculés à partir de sa description numérique, l'incertitude sur l'état initial n'est pas dissociable de celle sur le traitement. Pour optimiser un traitement, on doit donc *tester physiquement* tous les traitements sur tous les objets d'un modèle simulant l'incertitude. Un même objet ne pouvant subir plusieurs traitements, les *bancs d'essai* pour traitements sont des *échantillons représentatifs* extraits du modèle, ce qui engendre souvent une pénurie de données. Ce *cas n° 3* étant rare dans l'espace terrestre, il sera illustré succinctement par un exemple médical.
- *Cas n° 4 : L'état initial est incertain et les effets du traitement sont calculables.* Le problème est le même que dans le cas n°2 avec une incertitude sur l'état initial décrit par la teneur. Dans le cas n°4, la teneur n'est pas connue sur l'objet particulier et le meilleur traitement à lui appliquer doit être optimisé sur un modèle formé d'objets de teneur connue. Les *fonctions de valorisation* étant supposées linéaire, l'optimisation d'un traitement sur modèle est aussi simple que sur l'objet particulier connu du cas n°2. On calcule la valeur de chaque traitement en appliquant sa *fonction de valorisation* à la teneur moyenne du modèle. On retient ensuite le meilleur traitement qui reste néanmoins toujours améliorable et objectif.

L'usage du modèle simulant l'incertitude se complexifie si les traitements sont *conditionnés* par des propriétés variables ou des variables numériques. En médecine (Cas n°3), le traitement d'une même maladie pourra différer selon que les patients présentent ou non des antécédents cardiaques. L'optimisation débouche alors sur deux traitements à tester sur deux sous-ensembles du modèle ce qui accroit d'autant la pénurie des données.

En mine, on découpe le gisement en blocs qui sont sélectionnés pour des traitements différents selon leur appartenance à des intervalles de coupure. Couper sur la variable valorisante, comme la teneur, n'engendre aucune incertitude (Cas n°2). Mais souvent, la variable valorisante est trop couteuse à mesurer en routine. Les intervalles de coupure sont alors définis sur une variable informante, ce qui engendre l'incertitude (Cas n°4). La recherche méthodologique doit optimiser ces intervalles de coupures en tenant compte de la dégradation de la valeur par des erreurs de sélection. Ces erreurs sont simulées sur un modèle dont les objets sont connus pour les deux variables. L'essentiel du Chapitre 5 : LA DECISION est consacré à la maitrise du *conditionnement* sur modèle.

- **Les méthodes d'estimation**

La sélection sur des intervalles de coupure ne répond ni aux problèmes posés par la *régulation de la consommation* d'une ressource, ni à ceux posés par la *pluralité des variables informantes.* Pour résoudre ces problèmes, il faudrait connaitre la distribution de la variable valorisante pour chaque réalisation de la variable informante, c'est-à-dire sa distribution dans un intervalle de coupure infiniment étroit encadrant cette réalisation. La moyenne de cette distribution pourrait être utilisée comme la variable valorisante tout en intégrant les pertes dues aux erreurs de sélection par coupure. Hélas, plus un intervalle de coupure est étroit moins il contient de données significatives. Pour un *conditionnement ponctuel* autour d'une réalisation, il sera vide. C'est pour pallier cette absence qu'ont été développées les méthodes d'estimation.

Les *méthodes d'estimation* sont d'un usage courant en *gestion des ressources* terrestres. Elles sont inspirées par la Théorie des Probabilités, mais, elles sont objectives et n'impliquent aucune croyance en des probabilités ou en des modèles probabilistes théoriques. A l'instar de toute autre méthode, elles ne peuvent être *validées qu'à postériori* sur des données réelles. Pour estimer la répartition incertaine de ressources au sein d'un sous-sol opaque, on fait appel à la Géostatistique qui se réfère à des modèles spatiaux. Les *méthodes d'estimation* sont traitées dans le Chapitre 6 : L'ESTIMATION.

- **Le progrès par l'échec**

Les sciences et leurs pratiques relèvent toutes de la *connaissance objective* car elles sont construites sur les propriétés matérielles *d'objets pensés* et excluent toute opinion d'un *sujet pensant.* Jadis, les philosophes pensaient que la *connaissance objective* ne se démarquait pas d'une croyance, c'est-à-dire du pari que les objets inconnus sur lesquels on va l'utiliser se comporteront comme ceux à partir desquels elle a été induite.

Or, le *moteur de la construction des savoirs* n'est pas l'*induction* mais, une succession de *réfutations* des savoirs précédents. Les chercheurs et les praticiens ne croient pas en des savoirs qu'ils savent toujours transitoires. Au contraire, ils sont conscients de l'*incertitude sur leur savoir*. Ils agissent en s'aidant d'*hypothèses de travail*, mais, une hypothèse n'est pas une croyance. Par ailleurs, ils savent qu'il est impossible de prouver qu'une conjecture est vraie dans un monde impossible à explorer en totalité.

L'*incertitude sur le savoir* implique de renoncer à toute vérité scientifique définitive. Ainsi, la science n'est qu'une quête de vérité peut-être sans fin car l'univers n'est pas forcément connaissable par l'homme.

En revanche, une conjecture peut être réfutée avec certitude par un seul cas particulier. De même, une méthode peut être remise en cause par des erreurs. La connaissance objective progresse donc en permanence par élimination de théories ou de méthodes suite à des échecs. C'est l'*échec* qui engendre le progrès et non la *réussite* qui est toujours menacée par le spectre de l'incertitude.

La *connaissance objective* étant toujours présumée fausse, la vérité ne peut être un *critère de démarcation* entre la connaissance et croyance. La vérifiabilité ne peut l'être non plus dans un monde impossible à explorer entièrement. Karl Popper (1902-1994) décide donc de prendre la réfutabilité comme *critère d'objectivité* :

« *Pour qu'un énoncé soit objectif, on doit pouvoir imaginer de le réfuter dans le monde matériel* ».

Ce critère universellement reconnu est également un *critère de démarcation* entre une connaissance toujours en progrès d'une croyance toujours figée.

Objectivité externe et objectivité interne

En restant dans un contexte parfaitement objectif, ce livre abordera 3 formes d'incertitude :

- Un savoir est construit et réfuté sur une classe d'objets. L'objet auquel on l'applique est extérieur à cette classe. L'*incertitude sur le savoir* se réfère à l'*objectivité externe*. Cette incertitude est hors de contrôle et ne recule qu'avec le progrès engendré par l'échec et la réfutation.
- L'*incertitude simulée* est représentée par des modèles extraits du savoir pratiqué. Etant tributaires du savoir, ces modèles relèvent également de l'*objectivité externe*.
- L'*incertitude morphologique* sur la répartition d'une variable au sein d'un objet unique. Cet objet unique est couvert par une grille de reconnaissance. Les modèles sont bâtis sur cette grille et réfutables à l'initiative du praticien qui peut la densifier moyennant finance. Ils relèvent de l'*objectivité interne*.

Les modèles relevant de *l'objectivité interne* ne seront utilisés que pour l'estimation dans l'espace (Voir Chapitre 6 : L'ESTIMATION).

Pourtant, diverses croyances dérogeant à l'objectivité gangrènent encore aujourd'hui les sciences de la terre et leurs pratiques :

- Des références au hasard parsèment la littérature scientifique bien que le hasard n'ait rien d'objectif puisqu'il ne décrit pas la réalité mais notre ignorance de la réalité.
- En recherche scientifique, on prétend souvent accroitre la probabilité qu'une interprétation soit vraie en accumulant des arguments en sa faveur alors que seule la réfutation fait progresser la science.
- En cours d'investigation, on privilégie une classe de rattachement avant d'avoir éliminé toutes les autres.
- On sombre souvent dans la facilité en appliquant directement sur des données réelles le formalisme commode d'un modèle théorique indument substitué à la réalité.
- Parfois, on estime des grandeurs sans avoir vérifié qu'elles existeraient toujours dans une réalité qu'on imaginerait parfaitement connue.
- Etc.

Ces *croyances* sont évoquées dans le Chapitre 3 : LA CROYANCE.

Chapitre 2. LA SCIENCE

2.1 L'évolution de la pensée scientifique

La science à l'antiquité et au moyen-âge

Il y a 2600 ans, germaient en Grèce les prémices de la science avec l'idée que la nature peut être expliquée sans intervention de causes surnaturelles. *Pythagore* et *Parménide* savaient déjà que la terre est ronde. La courbure de l'horizon et l'ombre de la terre sur la lune ne laissaient persister aucun doute. Plus tard, *Aristote* (-384 à -322) amorce une réflexion sur la méthode scientifique. Il identifie les trois modes d'inférence que sont la déduction, l'induction et l'abduction. Il accorde un rôle essentiel à l'induction dans la création scientifique.

Vers 325 avant JC, le marseillais *Pythéas* explore l'Atlantique Nord. Il découvre le soleil de minuit et calcule l'obliquité de l'écliptique. Eratosthène (- 276 à -194 avant JC) calcule la circonférence de la terre à l'équateur et définit les zones climatiques. A l'Antiquité, personne ne doute que la terre est ronde et ses dimensions sont connues. *Aristarque de Samos* (−310 à −230 avant JC), envisage l'héliocentrisme comme alternative au géocentrisme.

Au Moyen-âge, l'église se réfère au géocentrisme du *dogme de Ptolémée* (90 à 168 après JC). Les souverains ont en main un orbe, c'est-à-dire un globe terrestre surmonté d'une croix. A l'antiquité comme au Moyen-âge, l'espace terrestre obéit à des lois différentes de celles régissant le cosmos.

Dans le cosmos règne l'ordre et l'harmonie. Les trajectoires et les périodicités des astres sont prédites avec exactitude. Le cosmos étant inaccessible et non expliqué, il est utilisé pour des pratiques divinatoires : l'astronomie ne se démarque pas de l'astrologie.

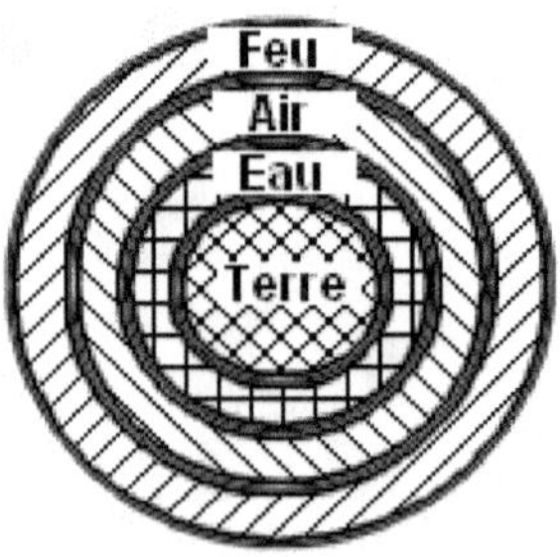

Figure 5 : L'espace terrestre et les 4 éléments

Dans l'espace terrestre règne le désordre. L'espace terrestre est découpé en domaines concentriques attribués aux 4 éléments : l'eau, la terre, l'air et le feu. Il est soumis à des *intempéries* (Tempêtes, volcanismes, séismes, etc.) dues aux interactions entre les 4 éléments. Dans l'espace terrestre, les liens de cause à effet sont perturbés par des facteurs cachés interdisant toute prédiction exacte. La rotondité de la terre ne faisant aucun doute, une attraction terrestre doit permettre de se maintenir au sol même aux antipodes. C'est le premier épisode d'une *histoire de la gravitation* par laquelle nous allons illustrer l'évolution des sciences de la terre.

Histoire de la gravitation : Episode 1

Selon le *dogme de Ptolémée*, chaque élément a tendance à rejoindre son domaine quand une intempérie l'en a fait sortir. L'eau rejoint le domaine de l'eau, une flamme rejoint le domaine du feu, une bulle d'air piégée dans l'eau regagne la surface. De même, un corps solide a tendance à tomber pour rejoindre son domaine qui est la terre. C'est ce principe de retour à son domaine qui nous maintient au sol en tous points de la sphère terrestre.

A l'*Antiquité* et au *Moyen-âge*, la science n'en était qu'à ses balbutiements, mais, nos ancêtres avaient développé des techniques performantes dans beaucoup de domaines. Les archéologues s'interrogent toujours sur certains procédés oubliés en hydraulique, en construction et en agriculture. Beaucoup de pratiques face à la nature restent encore à redécouvrir.

La renaissance et la révolution galiléenne

La *révolution galiléenne* est le point d'orgue d'une période particulièrement féconde démarrant vers 1450 à la découverte de l'imprimerie et se terminant vers 1650 à la mort de Descartes. Cette période couvre la *Renaissance* et voit naitre les sciences exactes. Elle est marquée par la réforme et par les premiers conflits entre science et religion. Le géocentrisme est battu en brèche par l'héliocentrisme et Galilée montre que les mêmes lois physiques s'appliquent dans le cosmos et l'espace terrestre. Commence à émerger l'idée que, *si la terre n'est plus au centre de l'univers, l'homme ne l'est peut-être pas non plus*. Cette idée nouvelle déclenche les foudres de l'église et fait émerger l'idée de *démarquer* clairement science et croyance.

Nicolas Copernic (1473-1543) suggère que l'héliocentrisme simplifierait considérablement la mécanique céleste. Il envisage que la terre pourrait tourner sur elle-même et autour du soleil selon une orbite circulaire. Mais, il ne tranche pas entre le géocentrisme et l'héliocentrisme. Il publie prudemment ses travaux à titre posthume (1551). Moins prudent, *Giordano Bruno* (1548 à 1600) prône l'héliocentrisme de Copernic et évoque la possibilité d'un univers infini peuplé d'innombrables mondes semblables au nôtre. Il meurt brûlé vif à Rome en 1600. *Johannes Kepler* (1571-1630) s'affranchit du mouvement circulaire et décrit le système solaire sur la base d'ellipses. Il est le premier à avoir l'intuition de « l'attraction de deux corps apparentés ». Etant luthérien et se contentant de formaliser les mouvements dans le cosmos, Kepler n'eut pas de problème avec la religion.

Vers 1604, Galilée (1564-1642) réfute l'enseignement d'Aristote en montrant que la vitesse de chute d'un corps dans le vide est indépendante de sa masse. Il montre aussi que tout corps conserve sa vitesse par *inertie* s'il ne subit pas une force extérieure. Il perfectionne la lunette astronomique et réfute le géocentrisme en reprenant les théories de Copernic, mais, doit se rétracter en 1633. Galilée a pour la première fois recours à l'expérimentation pour étayer ses travaux. Ses travaux débouchent sur *l'unification des lois physiques entre le cosmos et l'espace terrestre*. De ce fait, il est considéré comme le premier physicien.

Histoire de la gravitation : Episode 2

Vers 1604, Galilée fait l'hypothèse que la vitesse « v » d'un objet en chute libre est proportionnelle au temps de chute « t » : $v = g.t$. Avant l'invention du calcul intégral, il en déduit que la distance de chute « d » dépend du carré du temps de chute : $d = g \times t^2/2$. Il confirme son hypothèse sur une gouttière inclinée pourvue de clochettes indiquant le passage d'une bille.

La physique expérimentale est née. Mais, rien ne prouve que cette théorie sur la chute des corps reste valide en dehors du domaine couvert par l'expérimentation à savoir la surface terrestre où $g = 9{,}81$ m/s^2.

A l'issue de la *révolution galiléenne*, la description du cosmos rejoint l'expérimentation en laboratoire pour former les *sciences exactes*. Les mêmes lois s'y appliquent et peuvent être expérimentées partiellement dans le domaine terrestre. Après *Galilée*, la science ne se contente plus de décrire la nature, elle l'explique par la logique ou la mathématique. Pour *René Descartes* (1596 à 1650), le monde est explicable par des idées. Pour lui, il existe un ordre caché universel que l'homme pourra dévoiler grâce à la science. Aujourd'hui, cette croyance continue d'imprégner la pensée de beaucoup de scientifiques.

Le développement des sciences expérimentales

A la suite de la *révolution galiléenne*, les sciences expérimentales s'épanouissent sur une période démarrant vers 1650 et se terminant en 1789 à la révolution française. Cette période couvre le siècle des lumières et voit éclore les principales branches de la physique :

- *Mécanique* : Christian Huygens (1657 - horloge à poids), Newton (1687 - Bases de la mécanique classique)

- *Optique* : Newton (1670 - théorie corpusculaire de la lumière), Huygens (1690 -théorie ondulatoire de la lumière)
- *Mécanique des fluides* : Boyle (1662- loi des gaz parfaits), Fahrenheit (1714 - thermomètre à mercure)

Histoire de la gravitation : Episode 3

Newton montre que le formalisme de Galilée sur la chute des corps n'est valide qu'au voisinage de la surface terrestre. Il réfute donc la théorie de Galilée et la remplace par la *théorie de l'attraction universelle*. La force d'attraction entre deux corps est proportionnelle au produit de leurs masses et inversement proportionnelle au carré de la distance qui les sépare.

Fg = G.m.M / R2 avec G=6.673 x 10-11

Les mécaniques terrestres et cosmiques sont définitivement unifiées.

L'encyclopédie de d'Alembert et Diderot commencée en 1751 est le point d'orgue du siècle des lumières. Mais, il n'est pas encore question de développement technologique. L'usage de la vapeur n'en est qu'à ses balbutiements. Cette période est dominée par Isaac Newton (1642-1727) qui formalise *la méthode expérimentale*.

David Hume (1711 à 1776) réfute la pensée de Descartes. Il est très sceptique sur la quête de la vérité par la science. En partant de la méthode expérimentale de Newton, David Hume met en exergue les *faiblesses de l'induction* qu'il assimile à une croyance fondée sur l'habitude. Le fait que le soleil se soit levé tous les matins ne prouve pas qu'il se lèvera demain. Le fait qu'une expérience ait toujours été concluante dans le passé ne signifie pas qu'elle le sera encore dans l'avenir. Le savoir scientifique ne peut donc à la fois revendiquer l'universalité et se démarquer de la croyance d'un sujet pensant qui extrapole des théories sans justification.

L'ère des innovations technologique

L'époque contemporaine débute, en gros, après la révolution française avec l'essor de l'ère industrielle. Elle est marquée par l'essor de nouvelles sciences exploitant la connaissance à des fins utiles pour nos vies :

- *Chimie* : Lavoisier (1789 – Bases de la chimie), Mendeleïev (1869 - Tableau périodique)
- *Electricité* : Coulomb (1785 – Force électrostatique), Volta (1800 – Pile électrique)
- *Biologie* : Lamarck (1802 -Définition de la biologie)

- *Physique nucléaire* : Au début du XX^{Ième} siècle avec Bohr, Rutherford, De Broglie, Pierre et Marie Curie, …
- Etc.

Histoire de la gravitation : Episode 4

Einstein (1879-1955) réfute la théorie de l'attraction universelle qui ne rend pas compte de la courbure de la lumière observée dans le cosmos au voisinage de corps massifs. Il la remplace par une théorie plus générale : *la théorie de la relativité générale*. Selon cette théorie, nous baignons dans un champ gravitationnel issu d'une déformation de l'espace-temps par la matière. Cette théorie globale rend compte des observations réalisées dans le cosmos et à notre échelle.

Mais, elle est incompatible avec la *mécanique quantique* qui décrit l'infiniment petit. Face à deux théories qui se réfutent mutuellement, la physique est à la recherche d'une théorie unifiée. Ce 4ième épisode n'est certainement pas le dernier.

C'est seulement au 20ième siècle que l'interprétation de la méthode expérimentale par David Hume est remise en cause par Karl Popper (1902-1994). Karl Popper *réfute le rôle de l'induction* dans la construction des savoirs. *Il réfute ainsi la pensée de David Hume qui assimilait la science à une croyance du fait de l'induction.* Selon K Popper, l'homme apprend de ses échecs dans l'action et le progrès scientifique reprend cet apprentissage par l'échec. Le chercheur s'efforce d'expliquer pourquoi telle théorie, jusqu'alors admise comme vraie, s'avère fausse dans des circonstances inédites.

C'est donc la réfutation qui engendre le progrès scientifique. C'est pour cette raison que K Popper démarque la science de la croyance par le *critère de l'objectivité* suivant :

> « *Un énoncé ne peut être objectif s'il est impossible d'imaginer dans le monde matériel une expérience ou une observation qui pourrait le réfuter* ».

Le progrès scientifique par réfutation est illustré par les 4 épisodes de l'histoire de la gravitation. En sciences expérimentales, une théorie ne sera pas réfutée sur son domaine de validité, mais, elle pourra l'être sur un domaine plus large encore inexploré. Ainsi, les mêmes causes ne produiront pas forcément les mêmes effets au niveau de la mer, en altitude, sur une autre planète ou dans l'espace. Les sciences expérimentales n'échappent pas au spectre de l'induction et continueront de progresser tant que l'homme sera capable d'explorer des domaines plus larges. Mais, à un moment donné, leurs prédictions sont exactes dans le domaine de validité couvert par l'expérience.

Ces prédictions exactes dans le *domaine terrestre* ont donné naissance des *développements technologiques*. Les innovations technologiques issues des sciences expérimentales nous assurent aujourd'hui une existence bien plus facile que celle de nos ancêtres. Mais, cette artificialisation de nos vies entretient l'illusion dangereuse de ne plus être tributaire de la nature. Or, le domaine terrestre est le siège de nombreuses incertitudes en dehors du fragile cocon protecteur de la technologie. Ces incertitudes sont au cœur des sciences descriptives que nous allons maintenant aborder.

Le développement des sciences descriptives

Les *sciences descriptives* interprètent des classes de phénomènes trop étendus pour être reproduits à l'échelle du laboratoire. Elles se fondent sur l'observation dans la nature des propriétés de ces phénomènes. Les *sciences descriptives* couvrent toutes les sciences de la terre et une partie des *sciences du vivant* : zoologie, écologie, botanique, etc.

Les *sciences descriptives* émergent à la fin du XVIIème siècle, soit, une centaine d'années après les *sciences expérimentales*. En géologie, Nicolas Sténon (1638 – 1686) pose les principes de la stratigraphie : horizontalité initiale, superposition, continuité latérale. Ses observations lui semblent contredire l'âge biblique de la terre estimé alors à 6000ans. Mais, il se garde bien d'entrer en conflit avec l'église sur ce point.

Le XVIIIème siècle est l'âge d'or des grands naturalistes qui collectent, décrivent, conservent et classifient les objets de la nature. Carl von Linné (1707-1771) pose le problème de l'origine des espèces. Georges Buffon (1707-1788) suggère une ascendance commune pour plusieurs espèces. En 1795, James Hutton (1726–1797) pose le principe de l'uniformisme qui postule que l'analyse du présent est la clé de la compréhension du passé.

Au début du XIXème siècle, naissent les premières théories interprétant les données d'exploration de l'espace terrestre. Ces théories progressent tout au long du XXème siècle sur divers grands thèmes qui continuent d'évoluer aujourd'hui.

L'histoire de la terre profonde : La controverse entre le neptunisme de Werner (1749-1817) et le plutonisme de Hutton (1726 – 1797) laisse place à une théorie unifiée sur l'origine des roches. Lyell (1797–1875) préconise l'usage des fossiles pour synchroniser des couches à distance. En 1953, l'âge de la Terre est établi à 4,55 milliards d'années par Patterson (1922 - 1995).

L'histoire de la biosphère : La terre primitive, réchauffée par des gaz à effet de serre, a vite permis la présence d'eau à l'état liquide et gazeux. Les changements d'état de l'eau ont engendré une climatisation terrestre propice à la vie. La vie photosynthétique s'est ensuite chargée d'oxygéner les océans puis l'atmosphère. Aujourd'hui, l'équilibre du système climatique est perturbé par les activités humaines.

La théorie de l'évolution : Lamarck (1744-1829) émet la théorie du transformisme des espèces. Darwin (1809-1882) explique l'évolution par la sélection naturelle. Dans les années 30, la théorie synthétique de l'évolution intègre le moteur de la génétique.

La tectonique des plaques : En 1912, Wegener émet la théorie de la dérive des continents déjà envisagée par Ortelius en 1596. Longtemps contestée, la théorie de Wegener est réhabilitée dans les années 60. Elle devient la théorie de l'expansion océanique, puis la tectonique des plaques. La tectonique des plaques a révolutionné l'interprétation des chaines de montagnes.

Les crises biologiques : Cuvier (1769-1832) trouve dans les fossiles les traces d'extinctions de plus ou moins grande ampleur. Actuellement, diverses hypothèses combinant crises biologiques et géologiques restent en lice pour expliquer les crises biologiques. Le caractère sélectif des extinctions reste encore à élucider.

Dans ce livre, le terme de *théorie* sera réservé aux sciences expérimentales qui livrent des prédictions exactes dans l'espace terrestre. Le terme d'*interprétation* sera préféré pour les sciences descriptives qui interprètent des classes de phénomènes sur les théories issues des sciences expérimentales.

La *méthode descriptive* progresse par réfutations successives de causes nécessaires à une interprétation. Partant d'effets constatés pour en remonter à leurs causes, une interprétation ne fournit aucune prédiction de cause à effet exploitable à des fins utiles. Elle contribue à améliorer les *méthodes d'investigation* et à inspirer certaines *méthodes de décision.*

L'exploitation des progrès scientifiques

Les *théories exactes* issues des *sciences expérimentales* contribuent à améliorer la *technique,* c'est-à-dire les *outils* qui prolongent nos mains. Les *interprétations* issues des *sciences descriptives* contribuent à améliorer la pratique, c'est-à-dire nos *comportements* dans la nature. La *technique* et la *pratique* existaient bien avant la recherche d'explications via la science.

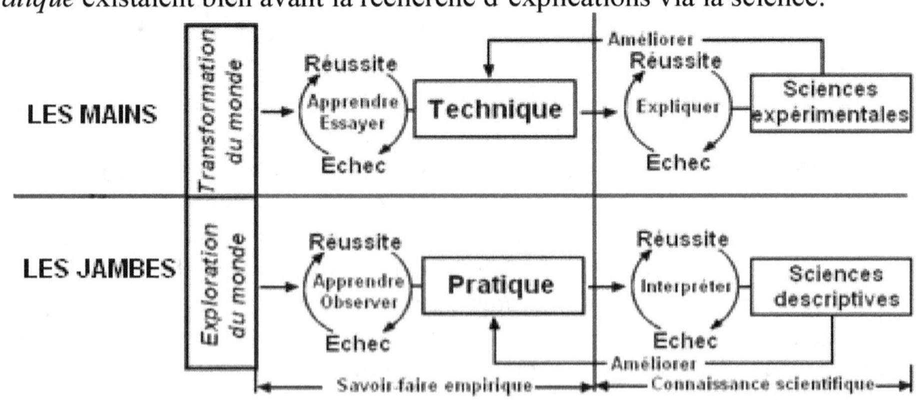

Figure 6 : Transformation et exploration du monde

La *technique est le propre de l'homme* qui, au gré d'essais et d'échecs répétés, fabrique de ses mains des outils de plus en plus performants. Les *sciences expérimentales* ont recours à la même démarche pour reproduire en laboratoire les phénomènes à expliquer. En retour, le *développement technologique* exploite leurs prédictions exactes et améliore les outils techniques.

La *pratique est le propre de tout être vivant* qui, au gré d'essais et d'échecs répétés, crée des méthodes permettant d'affronter les aléas naturels. Ces méthodes interfèrent avec le réel selon une logique de cause à effet. Les *sciences descriptives*, qui partent des effets pour remonter aux causes, ne peuvent qu'apporter une aide indirecte à la *recherche méthodologique*. Elles contribuent à faire évoluer les *méthodes d'investigation*. Elles peuvent aussi inspirer des *méthodes de décision*, mais, ces dernières restent à tester et à valider sur le terrain.

Même si leurs objectifs sont différents, les *sciences de la terre* et les *méthodes d'investigation* utilisent les mêmes informations collectées dans l'espace terrestre :

- Le *chercheur explore le monde pour l'expliquer*. Il constate sur un *objet réalisé*, la présence ou l'absence d'une cause afin de corroborer ou réfuter l'interprétation d'un phénomène.
- En cours d'investigation, le *praticien explore le monde pour en tirer parti*. Il constate sur un *objet non réalisé*, la présence ou l'absence d'une *propriété nécessaire* au rattachement de cet objet à une classe. Or, la cette *propriété nécessaire* est souvent une cause dans l'interprétation de la classe.

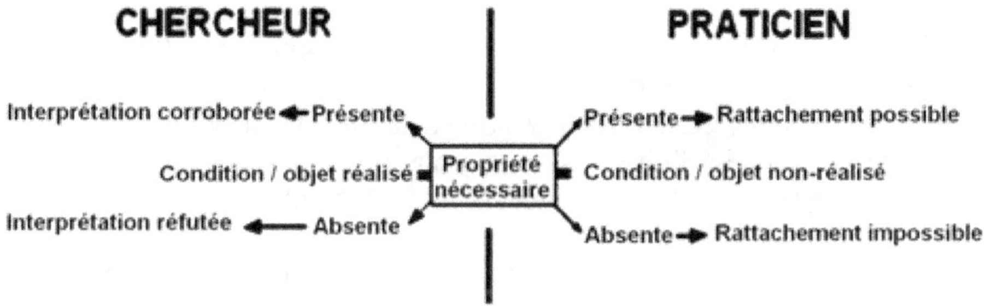

Figure 7 : L'investigation pour le chercheur et le praticien

Le chercheur et le praticien d'investigation font donc le même métier. Leur action ne diverge qu'en cas de défaillance du savoir existant. Ainsi, un géologue-chercheur et un géologue-prospecteur utilisent le même savoir géologique pour reconstituer la structure et l'histoire géologique d'un lieu particulier. Une découverte contredisant ce savoir fera le bonheur du chercheur qui aura l'occasion d'améliorer ses interprétations et le malheur du praticien qui aura commis une erreur.

2.2 L'interprétation dans l'espace terrestre

Les faiblesses de la méthode descriptive

Faute de pouvoir recourir à l'expérience en laboratoire, le chercheur interprète des *classes d'objets* observés dans la nature. En général, les propriétés exclusives d'une classe sont interprétées comme des effets et les propriétés induites comme des causes. L'absence d'une cause réfuterait cette interprétation en termes de causes et d'effet.

Cette *méthode descriptive* est une méthode scientifique très dégradée par rapport à la *méthode expérimentale* qui crée en laboratoire des causes selon un protocole choisi et précis. Elle dépend d'observations sur le terrain fortuites et imparfaites et ne peut créer du savoir fondamental.

Culture et recherche des champignons

Des expériences en laboratoire ont permis :

- D'expliquer le mode de reproduction des champignons.
- De cultiver certaines espèces sans avoir à subir les incertitudes inhérentes à leur recherche.

La connaissance de la répartition des champignons dans le milieu naturel est l'aboutissement d'un apprentissage long, laborieux et teinté d'incertitude. Cet apprentissage ne sera jamais aussi efficace qu'une expérimentation en laboratoire.

La méthode descriptive présente donc deux faiblesses à l'origine de deux types d'incertitude sur les interprétations :

- Ne pouvant créer du *savoir fondamental*, elle est tributaire de théories ou de techniques d'observation existantes. Une interprétation peut donc rester *inconcevable* et engendrer une *incertitude totale* dans l'attente d'une innovation extrinsèque.
- Etant tributaire de ce que la nature veut bien lui laisser observer, elle se fonde sur une *information très lacunaire*. Plusieurs interprétations concurrentes peuvent être compatibles avec les faits et engendrer de l'*incertitude* en attendant des réfutations par des faits nouveaux.

Les interprétations inconcevables

Parfois, le chercheur est incapable d'imaginer une conjecture interprétant les effets constatés sur le terrain par des causes connues. Pour progresser, il doit compter sur des *découvertes extrinsèques* qui ne dépendent pas de lui :

- *Récentes théories* en sciences expérimentales sur lesquelles composer de nouvelles interprétations,

- *Innovations technologiques* améliorant les capacités d'observation de l'espace terrestre,
- *Découvertes dans d'autres disciplines* des sciences de la terre.

Du fait de cette relation de dépendance, les sciences de la terre progressent souvent par soubresauts au gré des évolutions de savoirs fondamentaux (microbiologie, génétique, dynamique des fluides, etc...) ou de technologies nouvelles (Cartographie sous-marine ou satellitaire, méthodes d'analyse, surveillance des terrains, géophysique, etc...).

Ces apports extrinsèques engendrent des « éclosions conceptuelles » qui relancent des disciplines qui jusque-là végétaient. Ainsi, la théorie de l'évolution s'est nourrie des apports de la génétique, la théorie de Wegener a été réhabilitée suite au progrès de l'océanographie, la métallogénie a profité des progrès en biochimie et en thermodynamique, la stratigraphie a été révolutionnée par la découverte des isotopes, etc.

La pluralité des interprétations

Dans l'espace terrestre, l'observation des propriétés d'un objet entièrement réalisé porteur d'effets à expliquer est souvent très lacunaire. Des facteurs cachés peuvent jouer un rôle dans des liens de cause à effet tout en restant ignorés des chercheurs. Ainsi, les signes précurseurs d'un phénomène sont rarement observés quand on ignore qu'il va se produire. De même, les causes de phénomènes géologiques anciens peuvent avoir été effacées par des processus géologiques postérieurs (érosion, enfouissement, métamorphisme, etc...).

Pour que l'absence d'une cause puisse réfuter une interprétation, il faut être certain de pouvoir *distinguer une cause absente d'une cause cachée.* Cette condition n'est pas toujours remplie dans un espace terrestre où les certitudes sont rares. La difficulté à distinguer des causes cachées de causes absentes altère le moteur de la réfutation. De ce fait, plusieurs interprétations non réfutées peuvent rester longtemps compatibles avec les faits. *La pluralité des interprétations engendre alors l'incertitude sur le savoir.*

Parfois, le chercheur est tenté de tricher pour sortir de l'incertitude due à ce trop-plein d'interprétations. Il déroge ainsi à l'objectivité qui impose de conserver, sans en privilégier aucune, toutes les interprétations non réfutées. Ainsi, certains chercheurs s'autorisent à parier sur la vérité *qui arrange* les sponsors qui les financent. Ce recours au pari, tout naturel dans les affaires, est néfaste au progrès de la science.

Pourtant, *l'incertitude sur les interprétations n'est pas rédhibitoire en pratique.* Les méthodes d'investigation sont fondées sur des prédictions certaines portées par une classification et non sur l'interprétation des classes. Les méthodes de décision sont fondées sur des prédictions incertaines portées par les propriétés variables des classes et non par leur interprétation. Les interprétations ne peuvent que les inspirer.

A l'inverse de la *recherche technologique* qui s'inscrit dans la foulée des sciences expérimentales, la *recherche méthodologique* progresse indépendamment des sciences de la terre. Elle est donc moins sensible à ses évolutions. En revanche, la remontée des échecs subis en pratique, notamment en cours d'investigation, est une source de réfutation essentielle pour les interprétations. *La pratique contribue donc souvent au progrès des sciences de la terre.*

La tectonique des plaques

En 1912, Alfred Wegener émet la théorie de la *dérive des continents* et l'étaye par des continuités géologiques observées de part et d'autre des océans. Le mécanisme interne de cette dérive est identifié, en 1962, par le géologue Harry Hess suite aux progrès de l'exploration des fonds marins pendant la guerre. C'est l'*expansion océanique* qui révolutionne la géologie en débouchant sur la *tectonique des plaques*.

Le plancher océanique se forme à partir des dorsales médio-océaniques. Il est consommé dans des zones de subduction en donnant naissance aux chaines de montagnes. Grace à la tectonique des plaques, les géologues interprètent les chaines de montagnes en fonction de la nature du contact entre le continent et l'océan.

Ces interprétations sont utiles en prospection minière puisqu'elles replacent les gisements dans leur contexte géodynamique. Ainsi, à l'inverse des chaines de type alpin, les chaines de type hercynien engendrent des processus métallogéniques intenses en raison du flux thermique émanant de la zone de subduction.

La *tectonique des plaques* a apporté des réponses à de nombreuses questions non élucidées en géologie. Son mécanisme général ne laisse aujourd'hui aucun doute. Mais, il laisse encore des zones d'ombre sur la convection dans le manteau profond, sur la formation de certains types de chaines de montagne, sur les premiers temps de l'accrétion continentale et sur l'origine des « points chauds ».

L'évolution des êtres vivants

Depuis l'explosion cambrienne (540 millions d'années), la vie n'a cessé d'évoluer et de transformer le monde. Les traces de cette évolution permettent de reconstituer l'histoire de la terre. La paléontologie prend naissance en parallèle avec la géologie à la fin du XVIIIe. Georges Cuvier (1769 - 1832) a très tôt l'intuition de discontinuités dues à des extinctions. Il fonde le catastrophisme associé au fixisme des espèces. Il s'oppose donc au transformisme de Jean-Baptiste de Lamarck (1744 – 1829). Pour Lamarck, les êtres vivants peuvent apparaitre sous une forme primitive par « génération spontanée » et ils ont la capacité de se transformer pour s'adapter à leur milieu : « La fonction créée l'organe ».

En 1858, Charles Darwin (1809 – 1882) propose la sélection naturelle comme moteur essentiel de l'évolution à partir d'un ancêtre commun. Seuls les plus aptes à survivre se reproduisent et survivent à la pression de l'environnement. Ce principe est une tautologie qui conduit à s'interroger sur l'aptitude à survivre. Au XXe siècle, la théorie synthétique de l'évolution combine la théorie de la sélection naturelle de Charles Darwin et la génétique fondée par G Mendel (1822 - 1884). L'évolution est alors présentée comme la résultante de la sélection naturelle, de mutations génétiques et, plus récemment, de l'incorporation de gènes viraux dans le génome de l'hôte. Selon la théorie synthétique de l'évolution, les caractères acquis lors de l'existence ne sont pas héréditaires.

Aujourd'hui, *Théorie de l'évolution* est loin d'être aboutie. La non transmission des caractères acquis est égratignée par des travaux en épigénétique. Il reste encore beaucoup d'énigmes : les chainons manquants, les extinctions sélectives, le caractère non linéaire de l'évolution, le rôle de la perte de gènes non exprimés, le rôle de virus s'intégrant à l'ADN, l'origine de la vie, etc... Aujourd'hui, la science se renie en voyant dans la théorie de l'évolution *un sanctuaire, irréfutable et donc figé, à protéger de croyances religieuses*. Ainsi, au lieu d'accepter leur ignorance, beaucoup de chercheurs invoquent le Hasard pour expliquer l'évolution sans réaliser que le Hasard sclérose le progrès au même titre qu'un Dieu. Ce faisant, ils ouvrent une brèche pour des dérives pseudo-scientifiques fondées sur des conjectures « irréfutables » telles que le « dessein intelligent ».

Les extinctions de masse

Le *fixisme* de G Cuvier est aujourd'hui totalement réfuté, mais, on lui doit l'identification d'extinctions généralisées à l'échelle de la planète. Etant inscrites dans les formations géologiques, ces extinctions ont permis, au XIXe et XXe siècle, le développement d'une stratigraphie relative fondée sur la disparition d'espèces fossiles. On compte aujourd'hui une trentaine d'extinctions dont 5 extinctions massives : Ordovicien-Silurien (445 Ma), Dévonien-Carbonifère (360 Ma), Permien-Trias (245 Ma), Trias-Jurassique (205 Ma), Crétacé-Paléogène (65 Ma).

En 1972, le paléontologue Stephen Jay Gould (1941 – 2002) émet la théorie des équilibres ponctués. Il postule que l'évolution comprend de longues périodes d'équilibre ponctuées de courtes périodes d'extinctions et de spéciations. Cette théorie expliquerait les difficultés à trouver des chaînons manquants. En 1980, Luis et Walter Alvarez (Université de Berkeley) postulent que l'extinction Crétacé-Paléogène (65 Ma) serait due à la chute d'une météorite. Cette hypothèse, plausible pour cette extinction particulière bien que toujours controversée, connait un grand succès médiatique. Mais, l'hypothèse météoritique n'est pas une interprétation de la classe des extinctions puisqu'elle est réfutée pour la plupart des autres extinctions.

Aujourd'hui, la science peine à trouver des points communs entre les différentes extinctions. Le seul point commun est le caractère sélectif de toutes les extinctions. Des classes entières d'êtres vivants disparaissent alors qu'elles sont bien adaptées à de très nombreux milieux différents. La recherche s'est peut-être trop polarisée sur la nature de la catastrophe déclenchant des extinctions et insuffisamment sur l'état de fragilité génétique des populations au moment de cette catastrophe.

On peut imaginer qu'au cours d'une longue période de stabilité, beaucoup d'espèces se seraient adaptées à des milieux diversifiés tout en perdant les gènes devenus inutiles mais, peut-être nécessaires pour se réadapter à des milieux nouveaux. Les espèces les plus performantes dans un milieu seraient donc les plus fragiles dans un milieu différent. Les moins performantes seraient au contraire les plus robustes. L'explication de la sélectivité des extinctions serait donc à rechercher dans des causes génétiques encore à élucider. Il reste encore beaucoup de pistes à explorer à l'aube de la 6ième extension pour laquelle le facteur déclencheur ne fait aucun doute.

✦ <u>Les climats de la terre</u>

Il y a 4.45 milliards d'années, l'activité du soleil était 30% plus faible qu'aujourd'hui. Peu après, l'effet de serre dû au CO2 a amené l'atmosphère terrestre à une température compatible avec la présence d'eau à l'état liquide et gazeux. Le cycle de l'eau prend alors le relais pour réguler la température terrestre. Vers 3.4 milliards d'années, les cyanobactéries produisent de l'oxygène au détriment du gaz carbonique pour aboutir, vers 2.4 milliards d'années, à la grande oxygénation des océans suivie par celle de l'atmosphère.

Les premières formes de vie multicellulaires apparaissent vers 2.1 milliards d'années (A El Albani, Gabon, 2008). Les premiers organismes apparentés à ceux que nous connaissons actuellement apparaissent vers 540 millions d'années. Depuis, à l'échelle des temps géologiques, les températures et les taux de CO2 sont variables mais, en moyenne, plus élevés qu'aujourd'hui sauf au carbonifère (de -360 à -300 millions d'années).

Faisons maintenant un grand bond en avant jusqu'à -2.5 millions d'années. La température et la composition de l'atmosphère sont alors bien connus dans les glaces et les sédiments. Cette période géologique récente est globalement très froide mais ponctuée d'interglaciaires plus tempérés. Ces oscillations de température sont attribuées à des variations de l'orbite terrestre : les cycles de Milanković (1879-1958). Elles sont suivies d'oscillations de la teneur en CO2 de l'atmosphère. Le CO2 se dissolvant plus dans l'océan en période froide qu'en période chaude, sa teneur est de 180ppm pendant une glaciation et de 280ppm pendant un interglaciaire.

Depuis 12 000 ans, nous sommes dans un interglaciaire tempéré, l'holocène. L'atmosphère terrestre est composée à 99% d'azote (78%) et d'oxygène (21%). Jusqu'au début du 20ième siècle, le petit *1% restant* était constitué de 97,2% d'argon et de 2,8% de gaz carbonique, soit les 280ppm typiques d'un interglaciaire. L'holocène est sujet à de petites oscillations naturelles de température attribuées à des variations dans l'activité solaire. Ainsi, l'optimum médiéval relativement chaud de l'an 1000 (Groenland colonisé par les Vikings, glaciers en recul dans les Alpes) a été suivi par le petit âge glaciaire qui débute vers 1300 et atteint son paroxysme vers 1600.

Depuis, la température terrestre s'est réchauffée progressivement *jusqu'à une brutale et récente accélération non explicable par un facteur naturel déjà identifié*. La concomitance entre le réchauffement et la crise écologique conduit à incriminer les activités humaines et notamment les rejets industriels gazeux. Le surcroit d'effet de serre dû aux émissions de CO2 et autres Gaz à Effet de Serre, contribue à réchauffer notre atmosphère. L'effet de serre avait été identifié par Joseph Fourier (1768-1830) et reproduit expérimentalement par Eunice Newton Foote (1819-1888) bien avant la détection du réchauffement actuel.

Est-ce pour autant certain que l'effet de serre soit la cause unique du réchauffement climatique ? D'autres activités humaines sont soupçonnées d'avoir un impact sur le climat. Ainsi, la destruction des couverts végétaux pourrait impacter la température terrestre indépendamment de l'absorption du CO2. L'affaire du climat n'est pas définitivement close.

La métallogénie

La métallogénie est la discipline de la géologie qui interprète les concentrations minérales. Les concentrations minérales sont des objets rares et dissimulés au sein d'un sous-sol opaque. La rareté d'un métal dépend à la fois de sa concentration moyenne dans l'écorce terrestre et de propriétés chimiques déterminant une aptitude à se concentrer sous l'effet de processus géologiques. En raison de grosses difficultés d'observation, la métallogénie fourmille d'interprétations contradictoires et incertaines.

Les *concentrations primaires* sont *monogéniques*, de grande taille importante et relativement bien connues. Elles se développent à l'échelle régionale ou continentale en lien direct avec des phénomènes géologiques de grande ampleur souvent très anciens. Aujourd'hui, on explique assez bien la différentiation des éléments lors de la formation de la croute terrestre à l'archéen, l'effet sur certaines concentrations de l'oxygénation des océans puis de l'atmosphère au protérozoïque. On sait aussi interpréter correctement les provinces métallogéniques dans le cadre de la tectonique des plaques. On connait désormais bien les activités hydrothermales et biologiques associées aux dorsales médio-océaniques. Etant des objets de grande taille, les concentrations primaires monogéniques sont assez faciles à découvrir en prospection. Mais, elles sont rarement assez concentrées pour être directement exploitables. En général, elles ont juste le statut de préconcentrations susceptibles d'engendrer des concentrations exploitables via des remobilisations ultérieures.

La plupart des *concentrations minérales visées par la prospection* sont petites, polygéniques et bien cachées. Elles résultent de la succession fortuite de *plusieurs facteurs de concentration au même endroit*. Ces conjonctions de facteurs n'étant guère reproductibles, les concentrations minérales ne sont pas des objets classables par nature. Il est plus facile de classer les facteurs de concentrations sachant qu'ils sont souvent reproductibles en laboratoire et parfois identifiables individuellement sur le terrain. La métallogénie doit beaucoup à la géochimie, à la pédologie, à la sédimentologie, à la thermodynamique, à la microbiologie, etc... Pour interpréter une concentration minérale polygénique, la métallogénie recombine des facteurs divers en liaison avec une succession de phénomènes géologiques identifiés à un endroit donné. Plusieurs combinaisons sont souvent compatibles avec les observations.

Ainsi, les gisements du massif central (Fluorine, uranium, cuivre, plomb-zinc, barytine, etc..) font toujours l'objet de controverses entre les tenants du per-descensum et ceux du per-ascensum. Pour les premiers les fluides minéralisateurs ont une origine supergène (Lessivage superficiel sous altération subtropicale). Pour les seconds, ils ont une origine profonde (Lessivage des terrains par des eaux hydrothermales) en lien avec la montée d'un magma granitique. Les gisements d'uranium abrités par des formations gréseuses font également l'objet de controverses entre les tenants d'une minéralisation d'origine synsédimentaire et ceux d'une minéralisation épigénétique due à la circulation de nappes souterraines. Même les gisements latéritiques (Fer, bauxite, manganèse, nickel) s'inscrivant au sein d'un paléosol font l'objet d'interprétations divergentes.

La métallogénie est la science pratiquée par les prospecteurs. A défaut d'être classables par nature, les concentrations minérales sont classées au regard des besoins de la prospection. La prospection couvrant des territoires de plus en plus réduits à des échelles de plus en plus détaillées, la métallogénie fournit des guides de prospection hiérarchisés selon l'échelle d'observation. Les prospecteurs composent avec la pluralité des interprétations en s'en inspirant assez librement dans leurs actions. Ils restent objectifs en évitant de privilégier indument une interprétation alors que d'autres n'ont pas été réfutées.

2.3 L'exploration de l'espace terrestre

Le recul par rapport à l'action

Les espèces animales apprennent en explorant le monde en liaison avec un objectif immédiat. Un herbivore apprend à éviter les plantes toxiques et un prédateur apprend à reconnaitre ses proies. Leur savoir progresse au gré *d'échecs réellement subis* et reste rudimentaire. En revanche, *l'homme prend du recul en dissociant l'acquisition d'informations de l'action immédiate.* Il commence par *explorer le monde* pour collecter des données. Ensuite, il les mémorise, les classe et les utilise pour tester des interprétations et des méthodes.

L'exploration de l'espace terrestre concerne autant le *chercheur* que le *praticien d'investigation* :

- Le *chercheur* observe les propriétés communes de *classes d'objets interprétées*. Certaines de ces propriétés sont des causes requises par l'interprétation à tester. La présence de toutes ces propriétés corrobore l'interprétation. L'absence d'une seule sur un seul objet la réfute.
- Le *praticien* s'efforce d'observer les propriétés d'un *objet non réalisé* pour le rattacher à une classe d'objets. Ces propriétés sont nécessairement présentes sur l'objet pour qu'il soit rattachable à une classe. L'absence d'une seule propriété suffit à éliminer une classe de rattachement.

Les chercheurs et les praticiens font ainsi progresser leurs savoirs en simulant plutôt qu'en subissant des échecs. Tous deux explorent le monde pour recueillir des données.

Du XVIIIe au milieu du XXe siècle, de grandes expéditions scientifiques furent financées, le plus souvent par les états développés, pour observer et décrire des objets de ce monde. Ces expéditions étaient autant motivées par la découverte de nouvelles ressources valorisables que par l'acquisition de connaissances scientifiques. Citons les voyages de Cook, Bougainville et La Pérouse au XVIIIe, l'expédition du Beagle au XIXe qui déboucha sur la théorie de C Darwin. Au XXe siècle, les expéditions océanographiques aboutirent à la tectonique des plaques. Récemment, l'exploration satellitaire a bien fait progresser les sciences de la terre.

A l'inverse d'un chercheur en laboratoire qui peut reproduire une expérience à volonté, les chercheurs en sciences de la terre doivent *collecter très largement et conserver sans déperdition* une masse considérable d'informations. Une classification porteuse d'interprétations suffit pour conserver le savoir établi à un moment donné. Mais, ce savoir étant susceptible de progresser via le moteur de la réfutation, il faut conserver également toutes les informations sur lesquelles le chercheur pourra construire d'éventuelles interprétations ultérieures

La synergie entre science et investigation

Le *chercheur* et le *praticien* explorent donc le monde dans des buts différents et recueillent les mêmes données :

- Le *chercheur* sait au départ qu'un objet réalisé appartient à la classe qu'il souhaite interpréter. Il *crée du savoir général* sur cette classe en réfutant son interprétation sur absence d'une cause nécessaire.
- Le *praticien d'investigation* ne sait pas au départ à quelle classe appartient un objet non réalisé. Il *utilise le savoir général* pour le rattacher à une classe.

Les praticiens sont donc de gros pourvoyeurs de données scientifiques et contribuent ainsi à l'amélioration des savoirs dont ils profiteront ultérieurement.

Le praticien d'investigation doit également faire remonter ses échecs auprès des chercheurs, c'est-à-dire *les cas où l'objet non réalisé n'a pu être rattaché à une classe*. Parfois, cet objet est d'un type nouveau non encore classé. Parfois, une classe de rattachement a été éliminée sur absence d'une propriété qui n'était pas nécessaire. Si cette propriété absente avait le statut d'une cause au regard d'une interprétation, l'interprétation de la classe est réfutée.

Mais, dans certaines stratégies d'investigation, le non-rattachement n'est pas forcément synonyme d'échec et l'objet de l'investigation est abandonné avant sa réalisation. Le praticien n'est alors pas en mesure de faire remonter ses échecs. C'est ce que nous verrons dans le Chapitre 4 – L'INVESTIGATION.

Si les chercheurs et les praticiens partagent les mêmes classes, ils ne se ne réfèrent pas forcément aux mêmes classifications.

- Certaines classifications sont dictées par des interprétations scientifiques. Ainsi, la classification des êtres vivants qui est bâtie sur l'arbre de l'évolution et la génétique. Pour identifier un végétal ou un animal, on se référera plutôt à une classification pratique fondée sur l'observabilité décroissante des propriétés.
- En revanche, la classification des concentrations minérales ne peut être fondée sur des critères scientifiques en raison de l'indépendance des facteurs de concentration à différentes échelles. Elle est exclusivement fondée sur l'observabilité décroissante des propriétés et conçue pour les besoins de la prospection minière.

La cartographie de l'espace terrestre

Pour être utilisables dans un but scientifique ou pratique, la plupart des observations de la terre doivent être localisées. Elles sont donc reportées sur des plans pour donner naissance à des cartes. La plupart des objets terrestres sont caractérisés par une répartition de propriétés ou de variables continues dans l'espace. Or, généralement, cette répartition est reconnue de façon lacunaire par des données ponctuelles discontinues.

Le cartographe doit donc *combler les lacunes d'observation* en se fondant sur les points connus. Pour ce faire, il interpole les données à la lueur d'un modèle. Parfois, ce modèle relève de l'objectivité externe car on prend modèle sur des situations semblables. Parfois, il relève de l'objectivité interne car on prend modèle sur une grille interne de reconnaissance traduisant des ressemblances entre points. L'objectif est donc de représenter un *objet particulier* en utilisant un modèle.

Pour le chercheur, certaines cartes sur plusieurs localisations particulières relevant d'une même classe peuvent suggérer une interprétation générale. Cette interprétation reste néanmoins à tester et à valider. D'autres cartes visent à expliquer voire à promouvoir des conjectures mises à contribution pour combler arbitrairement des vides importants. La carte est alors une œuvre de fiction dépourvue d'impartialité. Les représentations cartographiques des chercheurs doivent donc être utilisées avec circonspection.

Pour le praticien, la carte est un outil de décision permettant, par exemple, de sélectionner des zones favorables au sein de l'objet particulier cartographié. Cet objectif s'inscrit dans le cadre d'une stratégie de recherche qui réduit un territoire ou d'une méthode de décision qui sélectionne des zones à extraire. Le praticien affine ses méthodes de cartographie au gré de ses échecs.

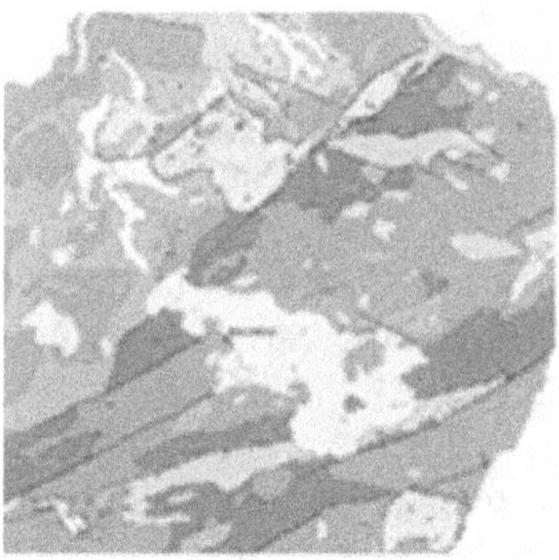

Carte géologique

Carte iso-valeur

Figure 8 : Représentations cartographiques

Les cartes représentent des répartitions de faciès par des codes de couleur ou de variables numériques par des courbes iso-valeur. La cartographie en faciès reproduit des objets classés : roches, strates, étages, fossiles, etc. La cartographie des variables numériques, aujourd'hui largement informatisée, fait appel à des traitements statistiques.

La cartographie peut être étendue à la troisième dimension. L'information utilisée pour bâtir une représentation du sous-sol (Sondages, géophysique, données de surface) est alors beaucoup plus lacunaire et engendre des vides à combler très importants. Les représentations 3D sont très tributaires de modèles traduisant tant bien que mal la continuité du sous-sol.

La cartographie peut aussi intégrer le facteur temps comme c'est le cas en météorologie. Les données sont alors très nombreuses. L'usage de logiciels de calcul puissants est alors incontournable. Ces logiciels doivent évoluer avec les erreurs de prédiction constatées à l'usage.

✦ **Le traitement des données numériques**

L'observation des propriétés d'objets terrestres est souvent complétée par des mesures sur des variables numériques. Une variable numérique s'apparente à une série de propriétés variables s'excluant mutuellement. Ainsi, la propriété « d'être coloré » se décline sur les propriétés : rouge, vert, bleu, etc… Une population d'objets colorés est munie d'une distribution de fréquence des objets sur les couleurs. Si on affecte un nombre à chaque couleur, la couleur devient *variable numérique discrète.*

Les sciences de la terre et leurs pratiques utilisent surtout des *variables numériques continues* dont les réalisations sont des mesures. Des traitements statistiques assurent la mise en forme de ces données numériques. Ils interviennent à la fois à la *source de la création du savoir* par le chercheur et au *terme ultime de son utilisation* par le praticien. Ils jouent donc deux rôles très différents qu'il convient de ne pas confondre.

En mettant en évidence des corrélations entre variables sur des *classes d'objets réalisés*, les *traitements statistiques* peuvent suggérer au *chercheur* une conjecture en vue d'une interprétation. Mais, une corrélation ne constitue pas en elle-même une interprétation et s'avère souvent piégeuse pour les chercheurs.

L'assimilation hâtive de la corrélation à un lien de cause à effet est le premier piège à éviter. Une corrélation entre deux variables ne permet pas d'affirmer que l'une est la cause et l'autre l'effet. Une troisième variable cachée peut aussi être la cause de deux effets. Ainsi, au quaternaire, on constate une forte corrélation entre la teneur en gaz carbonique et la température de l'atmosphère. Or, il s'agit de deux effets découlent d'une même cause : des variations de l'orbite terrestre. Ces variations modifient l'incidence du rayonnement solaire et donc la température. Le CO2 étant plus soluble dans l'eau froide que dans l'eau chaude, sa teneur dans l'atmosphère suit les variations de température.

La confusion entre corrélation et dérive est le second piège à éviter. Si deux variables dérivent dans le temps à peu près sur la même période, le nuage de point très allongé donnera l'illusion trompeuse d'une corrélation alors qu'il s'agit simplement d'un effet dû à l'écoulement du temps. Ainsi, aujourd'hui, il ne fait guère de doute que l'augmentation conjointe du taux de CO2 et de la température terrestre soit due à l'activité humaine. Mais, il ne s'agit pas d'une corrélation puisque les deux variables sont toutes deux uniformément croissantes comme d'ailleurs beaucoup d'autres indicateurs de la dégradation de la planète par l'homme.

En étudiant le comportement des *objets réalisés d'un modèle*, les *traitements statistiques* fournissent aux *praticiens* des prédictions sur des *objets non réalisés rattachés à ce modèle.* Ainsi, en prenant modèle sur les éruptions d'un volcan sous surveillance, on constatera, par exemple, une bonne corrélation entre la magnitude des séismes précurseurs et la puissance des éruptions. Tout séisme n'annonce pas forcément une éruption, mais, en général, l'éruption se produit plus souvent avec plus de puissance si la magnitude du séisme précurseur est forte. Imaginons qu'il soit possible d'associer des mesures à deux variables, *puissance de l'éruption* et *magnitude du séisme.* En reportant dans un repère les deux séries de mesures sur les éruptions réalisées, on obtiendrait un *nuage de points.*

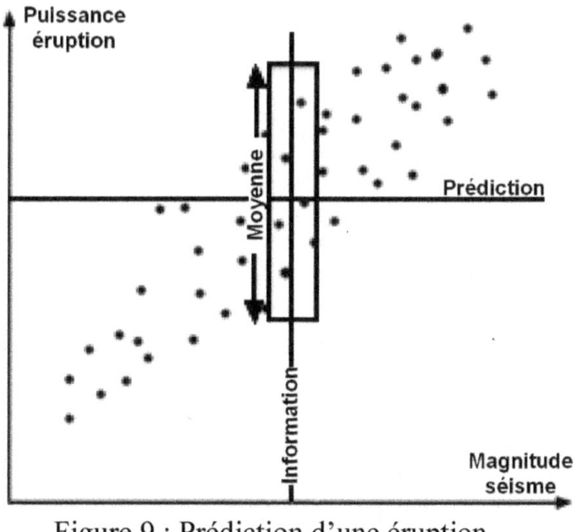

Figure 9 : Prédiction d'une éruption

Le nuage de points traduit visuellement la *corrélation* entre les deux variables : *magnitude du séisme* et *puissance de l'éruption.* S'il est allongé et resserré, les deux variables sont très corrélées, c'est-à-dire qu'elles ont *tendance à varier ensemble.* S'il est très dispersé, les deux variables sont peu corrélées, c'est-à-dire que les variations de l'une sont sans influence sur les variations de l'autre. En principe, pour prédire la puissance avant l'éruption par la magnitude du séisme précurseur, il suffirait de calculer la moyenne des puissances des éruptions dans un intervalle étroit encadrant la magnitude du séisme. En pratique, c'est généralement impossible en raison de la *pénurie des données* dans un tel intervalle. Les *méthodes d'estimation*, traitées dans le dernier chapitre, ont été développées pour contourner cet obstacle.

Chapitre 3. LA CROYANCE

Une croyance est fondée sur les opinions des *sujets pensants* et non sur les propriétés des *objets pensés*. Elle est, par définition, figée dans les esprits car elle ne se remet jamais en cause sous l'effet d'observations matérielles. Elle se situe donc aux antipodes de la science qui progresse en réfutant les savoirs établis.

Nous évoquerons d'abord les *croyances immatérielles* qui ignorent les propriétés du monde matériel.

Puis, nous évoquerons les croyances de *chercheurs qui s'engagent* sur des conjectures sans les soumettre à l'effort de réfutation qu'imposerait la méthode scientifique.

Enfin, nous nous interrogerons sur la *pression sociétale* qui exploite à des fins partisanes notre appétence naturelle pour la certitude. Aujourd'hui, beaucoup de *vérités sont dites scientifiques* alors qu'elles composent avec ce que nous appelons la *réalité économique*.

3.1 Les croyances immatérielles

➜ Religions, métaphysique et pseudo-sciences

Les religions primitives sont nées du *besoin d'expliquer* par des interventions divines des événements non conformes à nos attentes. Elles ont pour origine notre aversion pour l'incertitude et pour la certitude difficile à accepter qu'est la mort. Mais, bien vite, *des lois imposées par des dieux sont venues se greffer sur l'explication du monde*. Le chamane respecté pour ses liens avec les dieux est alors devenu un auxiliaire du chef. Les grandes religions monothéistes actuelles reproduisent cette dualité originelle. D'une part, elles expliquent le monde, d'autre part elles imposent leurs lois.

Sauf exceptions, *les explications religieuses et scientifiques coexistent assez bien* car le monde matériel se démarque facilement du monde spirituel. Il faut rendre à César ce qui est à César et à Dieu ce qui est à Dieu. Les premiers savants étaient des religieux lettrés. Une religion se replie toujours dans le monde spirituel quand certaines croyances sont réfutées dans le monde matériel. Mais, elle n'aime pas être brusquée comme en ont témoigné certaines réticences à accepter les découvertes scientifiques remettant en cause le rôle central de l'homme dans l'univers. Aujourd'hui, on peut néanmoins être à la fois scientifique et religieux.

En revanche, *les religions sont toujours des outils de pouvoir* particulièrement efficaces au service de régimes autoritaires. La laïcité qui prétend cantonner les religions à la sphère privée et imposer une loi universelle issue des hommes reste encore un vœu pieux. Ceci étant, les relations entre la religion et le pouvoir ne concernent en rien ce livre qui a déjà fort à faire avec des croyances plus modernes et, peut-être, plus redoutables.

La *métaphysique* s'interroge sur des questions situées au-delà de notre perception du monde matériel : l'âme, le libre-arbitre, la finalité, la prédestination, les idées, la liberté, l'existence, la réalité, etc... La métaphysique se situe par définition hors de la connaissance objective. Mais, elle n'est pas sans intérêt en ce sens qu'elle s'intéresse à des principes « premiers ». Ces derniers influencent plus ou moins consciemment les conjectures émises a priori par les chercheurs même s'ils s'effacent in fine des théories retenues.

Au XIXème siècle, nait le *scientisme*, c'est-à-dire la croyance selon laquelle la science permettra d'accéder à la vérité universelle et qu'elle devrait, dès maintenant, régir la vie en société. Le scientisme est une croyance au même titre qu'une religion puisqu'il repose sur l'idée non réfutable d'un monde connaissable par l'homme. Aujourd'hui, même si le terme de scientisme n'est plus guère usité, le grand public se tourne de plus en plus vers des *grands prêtres de la science* pour résoudre les problèmes de la société.

Ces derniers n'ont plus vraiment de droit de se tromper et le moteur de la réfutation se grippe de plus en plus.

Les *superstitions* ont toujours existé. Rares sont ceux qui reconnaissent y croire, mais personne ne restera totalement impavide après la lecture d'un horoscope ou les prédictions d'une voyante. Aujourd'hui, les pseudo-sciences ont pignon sur rue et leurs pratiques concurrencent les pratiques scientifiques. Les guérisseurs concurrencent les médecins, les radiesthésistes concurrencent les hydrogéologues, les géobiologues prétendent assainir l'habitat par magie. On trouve des dispositifs, dits magnétiques, d'assèchement des murs en quincaillerie. La promotion de ces pseudo-sciences repose toujours sur la même recette : *mettre en exergue les réussites et faire oublier les échecs.* Aujourd'hui, le charlatan est souvent diplômé et maitrise parfaitement les techniques de communication. Le praticien, qui connait aussi l'échec, a du mal à lutter en invoquant l'objectivité auprès de son client.

Le hasard et l'ignorance

Un énoncé invoquant le hasard ne peut relever de la connaissance objective. Un tel énoncé ne décrit pas une réalité matérielle, il reflète l'ignorance d'un sujet pensant sur cette réalité. La notion de « probabilité » ne respecte pas le critère de l'objectivité. Ainsi, l'énoncé « Il y a 2 chances sur 3 qu'il pleuve demain » n'est pas réfutable puisque la pluie ou l'absence de pluie du lendemain ne réfutera pas les chances qu'il y avait de pleuvoir.

Le « *Hasard* » traduit une *ignorance totale* de la réalité. Il correspond à l'incertitude sur un savoir qui peut être réfuté par un événement fortuit impossible à prédire. Certains individus croient ou font croire qu'ils sont capables de les deviner. En général, les adeptes de la divination valorisent leur talent auprès de clients naïfs. La divination est l'apanage de marchands de rêves : numérologues, astrologues, chamans, chiromanciens, etc…

Le « *hasard* » traduit une *ignorance partielle* de la réalité. Il est généralement associé à une *distribution de probabilités*. Il correspond à la part d'incertitude simulable par une distribution de fréquences sur modèle. Plutôt que de relier les probabilités à des fréquences, certains individus se réfèrent à leur intuition. Divers bonimenteurs en profitent pour servir leurs intérêts en prônant la réussite tout en se déresponsabilisant à l'avance de possibles échecs.

Les références au hasard devraient donc être proscrites des sciences et de leurs applications. Pourtant, elles pullulent dans certaines publications. Parfois, elles apparaissent comme des barrières infranchissables et conduisent à abandonner des voies de recherche. Mais, le plus souvent, il ne s'agit que d'abus de langage sans conséquence.

C'est plus grave quand un chercheur succombe à *l'intuition trompeuse qu'il accroit la probabilité qu'une interprétation soit vraie en accumulant un grand nombre d'arguments en sa faveur*. La méthode scientifique devient alors corroborative au lieu d'être réfutative et conduit à des impasses.

Depuis le règne exclusif de l'économie débuté dans les années 80, les chercheurs en quête de financement sont incités à corroborer la conjecture sur laquelle ils sont financés. Le recours à la *probabilité d'être vrai* se répand rapidement au détriment du moteur du progrès qu'est la réfutation. La méthode scientifique chargée de constater le faux est remplacée par des « communautés scientifiques » chargées de dire le vrai et d'éradiquer les désagréments de l'incertitude. Il en résulte des consensus bien figés qui émergent autour « d'idées qui arrangent tout le monde ».

Les croyances des subjectivistes

Les subjectivistes prétendent utiliser l'intuition probabiliste pour construire du savoir en attribuant des probabilités subjectives à des hypothèses. Ils se font indument cautionner par la formule de Bayes et se surnomment eux-mêmes « les Bayésiens ».

La formule de Bayes calcule la probabilité d'hypothèses sur la cause d'un effet constaté. La formule de Bayes est un outil puissant et très utile en pratique à condition que les probabilités soient des fréquences objectives calculées sur un modèle éprouvé. Sa démonstration, d'ailleurs très simple, peut être trouvée dans tous les manuels élémentaires sur la Théorie des Probabilités.

La formule de Bayes simplifiée

$$\text{Prob}(H / E) = \frac{\text{Prob}(E / H) \times \text{Prob}(H)}{\text{Prob}(E / H) \times \text{Prob}(H) + \text{Prob}(E / HC) \times \text{Prob}(HC)}$$

E : Effet constaté

H : Hypothèse sur la cause vraie.

HC : Hypothèse sur la cause fausse.

Les événements H et HC sont des événements contraires respectant de fait l'incompatibilité des hypothèses. Au-delà de deux hypothèses, cette incompatibilité serait difficile à garantir.

Pour illustrer l'intérêt de la formule de Bayes dans un contexte objectif, considérons, une maladie rare affectant statistiquement 0.1% de la population. En prenant modèle sur cette population, on peut affirmer qu'un patient a une probabilité Prob (H) = 0.001 d'avoir la maladie et une probabilité Prob (HC) = 0.999 de ne pas l'avoir. Nous disposons d'un test pour détecter cette maladie. *Un patient ayant réagi positivement à ce test (Effet E constaté) souhaitera légitimement connaitre sa probabilité d'avoir réellement la maladie (Hypothèse H).*

Sur un *échantillon représentatif de patients malades*, le test reconnait la maladie dans 90% des cas. Un patient malade aura donc une probabilité Prob (E / H) = 0.9 d'être testé positif.

Sur un *échantillon représentatif de patients sains* (HC), le test reconnait la maladie dans 3% des cas. Un patient sain aura donc une probabilité Prob (E / HC) = 0.03 d'être testé positif par erreur.

Par la formule de Bayes, on calcule facilement la probabilité qu'un patient positif ait la maladie :

Prob (H / E) = 0.9 x 0.001 / [0.9 x 0.001 + 0.03 x 0.999] = 0.029

Notre patient positif a donc seulement 2.9 chances sur 100 d'avoir la maladie, ce qui peut surprendre venant d'un test fiable à 90% sur un malade. La rareté de la maladie l'emporte donc sur la positivité du test et on comprend ainsi tout l'intérêt de la formule de Bayes.

Notre patient demandera donc un second test. Sa probabilité a priori d'être malade est alors de 0.029 au lieu de 0.001 puisqu'il a déjà été testé positif. Si le second test est positif, la probabilité d'être malade devient :

Prob (H / E) = 0.9 x 0.029 / [0.9 x 0.029 + 0.03 x 0.971] = 0.47

Notre patient peut alors demander un 3ième test en partant d'une probabilité a priori d'avoir la maladie de 0.47 au lieu de 0.029. Et, ainsi de suite, jusqu'à ce que la présomption d'avoir la maladie soit jugée suffisante pour décider d'entreprendre un traitement. Bien sûr, tout est remis en cause si un nouveau test vient contredire les précédents. Cette méthode de réduction de l'incertitude avant de passer à l'action est une *inférence Bayésienne*. Quand les tests deviennent nombreux l'*inférence Bayésienne* converge vers l'*inférence statistique* chère aux objectivistes (Voir ci-dessous).

Les subjectivistes, fascinés par la convergence de la probabilité d'une hypothèse via la formule de Bayes, pensent pouvoir l'appliquer à des probabilités subjectives non reliées à des fréquences statistiques sur modèle. Ils voient dans la formule de Bayes un mode universel d'acquisition des savoirs par ajout d'arguments faisant croître la *plausibilité* d'une conjecture.

Ce faisant, *ils formalisent la création du savoir par induction* et ne peuvent revendiquer l'objectivité dont relève une démarche scientifique fondée sur la réfutation. Ce n'est pas parce que 100% des objets rencontrés corroborent une conjecture qu'elle ne sera pas réfutée sur un seul objet non encore rencontré : ce n'est pas une question de proportions.

Les subjectivistes se recrutent parmi des informaticiens férus *d'Intelligence Artificielle* et fascinés par la puissance de leurs outils. Mais, *l'Intelligence Artificielle* n'est qu'une technologie qui n'a rien à voir avec la science. Les subjectivistes ne font que renforcer la dérive de certaines communautés scientifiques qui croient que la vérité peut naitre de l'adhésion à une théorie d'un grand nombre d'opinions reconnues et convergentes.

- **Les croyances des objectivistes**

Les objectivistes ne croient pas à l'objectivité du hasard, mais, *ils attribuent une signification objective aux distributions statistiques* observées dans la nature. Ils prétendent identifier ou aider à identifier des mécanismes cachés qu'ils croient bien réels à partir des données partielles. Ils revendiquent l'objectivité mais se fondent sur la *croyance que la nature recèle un ordre caché* qui ne demande qu'à être révélé.

Si les données sont suffisamment nombreuses et si elles satisfont un certain nombre de tests statistiques, un statisticien « objectiviste » attribue au phénomène étudié obéit à un modèle théorique (Loi binomiale, normale, log-normale, Poisson, et...). Puis, il en estime les paramètres (moyennes, variances, corrélations, etc..) par *inférence statistique* à partir des données disponibles. Il se croit alors indument autorisé à décider et agir sur le modèle théorique ainsi paramétré comme s'il représentait la réalité.

Prétendre rattacher une distribution réelle à un *modèle probabiliste purement théorique* relève de la croyance puisqu'un tel rattachement ne serait ni validé, ni réfuté par la connaissance complète du phénomène réel d'où est extrait la distribution. Autrement dit, l'estimation d'un modèle théorique par inférence statistique ne peut être réfutée car ce modèle n'existe pas dans le monde réel. L'inférence statistique, sur laquelle se fondent les statisticiens objectivistes est donc un pari dépourvu d'objectivité.

Une distribution statistique ne reflète pas un ordre caché. Elle permet juste de simuler notre ignorance d'un phénomène partiellement informé pour le développement de méthodes. Les *ambitions panscopiques* des objectivistes sont à la fois irréalistes et sans intérêt pratique. Un praticien a juste besoin d'une *méthode monoscopique* optimisée dans un but donné. La meilleure méthode n'est pas celle qui s'inspire du modèle probabiliste décrivant *le mieux* la réalité. Elle est celle qui s'avère la plus efficace à postériori.

3.2 Les croyances dans la recherche

Objectivité et impartialité

Dans ce chapitre, nous allons nous intéresser à des croyances dues non pas à un *défaut d'objectivité* mais à un *manque d'impartialité.* L'objectivité ne doit pas être confondue avec l'impartialité :

- *Un énoncé sur un objet pensé est objectif* s'il exclut toute opinion émanant d'un sujet pensant. Affirmer qu'il y a 2 chances sur 3 de trouver un gisement sur un terrain est un énoncé probabiliste non objectif mais qui peut être de bonne foi.
- *Un énoncé sur un objet pensé est impartial* s'il émane d'un sujet pensant qui n'a pas intérêt à tricher. Le discours d'un prospecteur qui s'apprête à céder ses droits miniers sur un terrain risque de ne pas être impartial. Mais, il peut être parfaitement objectif.

Or, l'impartialité n'est pas toujours la règle dans le domaine scientifique. Parfois, un chercheur hésitera plus ou moins consciemment à réfuter une théorie qui devrait l'être et préférera multiplier les expériences et les observations susceptibles de la corroborer. Ce comportement partial aboutit au même résultat qu'une entorse à l'objectivité.

Le praticien, n'est pas impliqué dans la création du savoir, mais, étant la première victime de savoirs défaillants, il est souvent critique, voire méfiant, à l'égard des résultats de certaines recherches. Pourvu de la même formation que ses collègues chercheurs, il n'acceptera pas des interprétations sans avoir préalablement jugé de leur pertinence.

Trois raisons peuvent expliquer la partialité de certaines interprétations en sciences de la terre :

- Parfois, un chercheur s'est trop *engagé* sur une interprétation pour accepter de la réfuter.
- Parfois, des *communautés scientifiques* verrouillent des théories qui fondent leur prestige et parfois leur financement.
- Parfois, la recherche oublie le terrain et se fonde abusivement sur des *modélisations numériques opaques* qui gomment la distinction entre le réel et le virtuel.

Dans ce livre, il ne sera néanmoins pas question de tout ce qui pourrait s'apparenter à de la falsification de données.

L'engagement du chercheur

En sciences de la terre, tout chercheur a pour ambition d'élucider des énigmes sur lesquelles ses prédécesseurs s'étaient cassés les dents. Une découverte est une satisfaction rare à laquelle il est déplaisant de devoir renoncer. Dès lors qu'une interprétation devient solide, le chercheur sera plus enclin à la corroborer qu'à la réfuter comme il le devrait. Il peut alors devenir prisonnier de ses propres interprétations. Son engagement est d'autant plus fort qu'il a adhéré à l'interprétation *en toute liberté*, qu'il l'a rendu *publique*, qu'il l'a défendue de manière *agressive* et qu'il a *influencé* l'action d'autres personnes par cette interprétation.

Il s'agit là d'un comportement humain normal relevant de la *psychologie de l'engagement*. Pour éviter cet écueil, un chercheur devrait être soumis à la critique de ses pairs avant que son engagement ne soit trop fort. Or, la critique par les pairs fonctionne souvent assez mal. Elle est souvent vécue comme une agression de la part de chercheurs jaloux.

Les chercheurs en sciences de la terre sont peu nombreux, très spécialisés et ont peu de contradicteurs partageant la même « bulle ». Mais, ils bénéficient aujourd'hui d'un certain succès auprès du grand public car les sciences de la terre sont à la mode en liaison avec la crise écologique. Certaines de leurs conjectures se répandent très vite rendant toute marche arrière impossible. Parfois, les médias popularisent des interprétations immatures qui engagent les chercheurs charismatiques beaucoup trop tôt. Le grand public se charge alors d'arbitrer des débats qui auraient dû rester confidentiels. Les effets sur le progrès scientifique sont alors délétères.

Les communautés scientifiques

Aujourd'hui, la recherche est en grande partie financée par des fonds privés qui parient sur une conjecture en espérant qu'elle se vérifiera et qu'ils pourront en tirer profit ultérieurement. Pour un groupe de chercheurs, *la réfutation de cette conjecture signifie donc la perte de son financement*. Cette vision spéculative de la recherche concerne surtout les sciences expérimentales et la recherche technologique. Pourtant, par contagion, ce syndrome touche aussi les sciences de la terre.

En sciences de la terre, les communautés scientifiques sont de plus en plus des cercles fermés concurrents voués à la corroboration d'interprétations communes. Parfois, une communauté qui gère bien sa communication peut faire triompher une interprétation sans avoir réellement réfuté des interprétations concurrentes qu'elle préfère ignorer. Parfois, émergent des consensus négociés entre écoles de pensée. En 2015, des chercheurs américains annoncent que l'impact météoritique du golfe du Mexique a stimulé les éruptions volcaniques du Deccan en Inde. L'hypothèse météoritique et l'hypothèse volcanique font donc alliance pour expliquer l'extinction crétacé-tertiaire. Ce consensus très politique, qui passait pour un canular en 2015, est devenu une interprétation qui fait fureur.

Aujourd'hui, la méthode descriptive ne fait plus recette. Chacun peut raconter n'importe quoi et partir glaner sur la planète les observations très ténues qui vont corroborer ses idées géniales. *Nous ne sommes plus à l'époque des géologues de terrain qui fourmillaient d'idées la veille et qui voyaient, en général, ces idées réfutées par les observations du lendemain.* L'heure est désormais à la plus grande tolérance vis-à-vis des idées même farfelues des autres. *Chaque communauté reste dans son couloir* en promouvant ses idées et évite poliment de réfuter les conjectures des autres.

C'est désormais l'approbation par une communauté des « pairs » qui valide une théorie et non sa résistance à la réfutation. Or, comme toute communauté humaine, une communauté scientifique est une communauté d'intérêt ouverte à diverses connivences. Les avancées scientifiques ne sont plus le fait d'individus en dissidence par rapport aux dogmes consensuels. Quant aux praticiens, ils sont incités à adopter les théories qui plaisent à leurs employeurs ou leurs clients sans s'interroger sur l'efficacité réelle de leurs méthodes.

✦ **La fascination pour le numérique**

Le numérique est omniprésent en sciences de la terre en raison du nombre important de mesures effectuées dans l'espace terrestre. Les chercheurs en sciences de la terre simulent des mécanismes terrestres en créant des causes sur ordinateur et en calculant leurs effets pour voir s'ils corroborent leurs conjectures. Ils pensent ainsi *retrouver les avantages de la méthode expérimentale*. Nous utiliserons le terme de simulation numérique plus approprié que celui de modélisation numérique.

Une simulation numérique peut présenter de l'intérêt. Elle peut corroborer l'interprétation d'un phénomène s'il se produit dans les conditions simulées les plus défavorables. Elle peut aussi contribuer à la réfuter si ce phénomène ne se produit pas dans les conditions simulées les plus favorables. Cet usage est légitime même si ce type de réfutation est toujours contestable en sciences descriptives.

Mais, *beaucoup de simulations numériques actuelles sont fondées sur des paramètres jugés réalistes et se voient attribuer la même valeur qu'une expérience en laboratoire*. Leurs résultats sont alors censés avoir un caractère probant. Le problème est qu'on peut faire dire presque ce qu'on veut à une simulation numérique. Ainsi, plusieurs interprétations incompatibles sont parfois simulées avec succès par des chercheurs en compétition. Par ailleurs, à l'inverse d'une expérience, l'opacité sur les algorithmes rend souvent les simulations impossibles à reproduire par d'autres. Le partage des connaissances entre chercheurs impose alors des « actes de foi » inadmissibles.

Des moyens numériques sont aussi mis à contribution dans certaines pratiques prédictives exploitant des masses importantes de données. Les prédictions seront d'autant plus fiables qu'elles auront pu être souvent recalées sur la réalité. Ainsi, les modélisations météorologiques s'améliorent au gré des échecs et les modélisations de gisements progressent au gré de comparaisons prévu/réalisé. Quand les recalages sur le réel sont insuffisants, le recours à la *simulation numérique* devient abusif et s'apparente à une croyance en un *modèle théorique*. Bref, le numérique est un outil performant, mais *la performance d'un outil ne suffit pas à garantir la qualité de ce qu'il permet de produire*.

3.3 La tutelle de la société

Les « vérités qui arrangent »

La science influe sur la société en mettant à sa disposition des techniques et des méthodes toujours plus efficaces. En retour, la société influe sur la science en finançant des recherches de plus en plus coûteuses. Un chercheur incapable de séduire des investisseurs par son sujet d'étude peinera à trouver des financements. Les conjectures dissidentes effraient dans des sociétés construites sur des croyances partagées et toujours conservatrices. A ceci, s'ajoute une répulsion systématique à l'égard de l'incertitude. *Le moteur de la réfutation est donc rarement évoqué pour stimuler des mécènes.*

Dans le *monde de la recherche*, s'instaure une relation de subordination entre le financier et le chercheur. Le financier veut des certitudes et, pour lui complaire, le chercheur les lui propose. C'est ainsi que naissent des consensus autour de « vérités qui arrangent » que personne n'a intérêt à réfuter.

Dans le *monde de l'entreprise*, il est prudent pour un employé de taire son incertitude à une hiérarchie qui considèrera toujours qu'elle risque d'entraver une décision souvent déjà prise. Plutôt que de contrarier son patron, il vaut mieux lui présenter une certitude factice et, dans le doute, choisir celle qui le mettra de bonne humeur. Un consensus artificiel règne alors dans l'entreprise et conduit souvent à des erreurs de décision monumentales.

Quant aux *experts indépendants*, ils sont censés, à l'instar des avocats, défendre les intérêts de leurs clients par des arguments techniques « allant dans le bon sens » selon une formule célèbre consacrée par l'industrie.

L'affaire Lyssenko

Pendant la période stalinienne en Union soviétique, Lyssenko (1898-1976) développe des théories en génétique fondée sur la transmission des caractères acquis. Il met en œuvre des techniques en agronomie censées résoudre les problèmes de l'agriculture soviétique. Il devient la coqueluche de Staline.

Les théories de Lyssenko ont sclérosé des pans entiers de la science soviétique jusqu'aux années 60. Elles expliquent en grande partie les retards accumulés en agriculture.

Le responsable de ce fiasco est-il Lyssenko dont les origines modestes ont séduit Staline ou Staline qui a interdit par la peur toute réfutation de théories dont il ignorait tout ?

En fait, il existe une *relation perverse* entre les scientifiques, chercheurs ou praticiens, qui ont besoin d'argent pour travailler et les décideurs publics ou privés qui acceptent de payer pour des certitudes rassurantes et non pour faire naitre des idées qui pourraient les contrarier. Les scientifiques qui s'engagent satisfaire leurs sponsors ne peuvent se déjuger à postériori. Cette relation perverse ne date pas d'aujourd'hui comme le montre l'exemple de l'affaire Lyssenko.

Pour les sciences expérimentales et les développements technologiques, les échecs ne passent pas inaperçus et débouchent sur des réfutations rapides. En revanche, les interprétations en sciences de la terre peuvent perdurer longtemps en l'absence d'efforts pour les réfuter. De plus, dès qu'une « vérité scientifique » a le bon goût d'arranger presque tout le monde, la recherche s'arrête puisqu'il n'y a plus rien à chercher ou à financer.

Le dérèglement climatique

Pour illustrer le concept de « vérité qui arrange », nous allons aborder les causes du dérèglement climatique. Rappelons d'abord les faits. Depuis environ 100 ans :

- Les rejets industriels dans l'atmosphère ont fait passer sa teneur en dioxyde de carbone (CO2) de 280 ppm à 415 ppm (2022).
- La température moyenne de la troposphère et de la surface des océans s'est accrue d'environ 1.1°C (2021). Parallèlement, la stratosphère s'est refroidie.
- La surface terrestre soumise aux radiations solaires émet des ondes de chaleur. Ces ondes sont absorbées par les gaz à effet de serre dont le CO2. Ils piègent la chaleur dans troposphère et freinent sa diffusion dans la stratosphère.
- Aucun des facteurs naturels connus comme susceptibles d'expliquer ce réchauffement ne s'est manifesté sur cette période.
- La crise écologique due aux activités industrielles peut avoir engendré d'autres facteurs de réchauffement : la chaleur émise directement, la dégradation des sols, le désamorçage de la pompe biotique, etc...

Il n'est pas utile d'être bien savant pour en déduire que le dérèglement climatique actuel est *causé* par nos activités industrielles. Le surcroit d'effet de serre dû à nos rejets gazeux est un facteur de réchauffement en raison d'une loi physique. *Mais, pour qu'il devienne le seul, il faudrait réfuter les autres.*

Pourtant, quelques années après sa création, le GIEC (Voir encadré) a fait des rejets de gaz à effet de serre la *cause unique* du dérèglement climatique. La « *théorie de l'unicité de la cause du réchauffement climatique* » a été adoptée par consensus sans réelle réfutation des autres facteurs anthropiques susceptibles de jouer un rôle.

Le GIEC (IPCC en anglais)

Le GIEC (Groupe Inter-gouvernemental d'étude sur l'Evolution du Climat) a été créé en 1988 pour répondre aux inquiétudes suscitées par le réchauffement climatique. A la demande de R Reagan et M Thatcher, le GIEC comprend des représentants politiques censés contrer des velléités trop écologiques des scientifiques. Le GIEC conseille les états sur la conduite à tenir face au réchauffement climatique. Il sélectionne et compile des publications scientifiques dont il tire des recommandations.

Il publie tous les 4 ans une revue de la presse scientifique en 3 parties :

~ Un *bilan scientifique* des connaissances sur le réchauffement et ses effets.

~ Des recommandations sur la manière de *l'atténuer* en agissant sur ses causes.

~ Des recommandations sur la manière de *s'y adapter*.

Cette théorie de la cause unique ressemble bien à une « *vérité qui arrange* » au service de pays inquiets du dérèglement climatique mais surtout désireux de promouvoir une *transition énergétique* pour réduire leur dépendance aux énergies fossiles. Les écologistes ne peuvent qu'approuver ce discours qui va dans leur sens même s'il passe sous silence les autres aspects de la crise écologique. Le GIEC maintient la pression pour la réduction des rejets de gaz à effet de serre et son action va dans le bon sens. Mais, il n'est pas un organisme scientifique indépendant plaidant pour une écologie « décroissante ».

Cet exemple montre que la politique n'est jamais bien loin de la science. Depuis que les Etats-Unis ont réduit leur dépendance énergétique par l'exploitation des gaz et pétroles de roches-mères, la *transition énergétique* semble bien compromise à l'échelle mondiale. Quant à la perspective d'une *transition écologique*, elle parait très éloignée. Une controverse sur le thème de l'unicité de la cause du dérèglement climatique serait donc bien dérisoire.

Les ressources en économie fermée

Nos *ancêtres chasseurs-cueilleurs* se déplaçaient souvent pour laisser à leurs ressources le temps de se renouveler. Les *agriculteurs* de jadis stockaient leurs récoltes pour s'en nourrir en attendant le retour de la belle saison. Si c'était possible, ils stockaient plus que nécessaire pour couvrir l'incertitude sur la prochaine récolte. Ils avaient aussi recours à des méthodes laissant aux sols le temps de reconstituer (Assolement, jachère, pâture). Tous les *pécheurs* savent qu'il faut accorder à la ressource halieutique un temps plus que suffisant pour se renouveler.

L'industrie a besoin de *matières premières minérales*. Elle doit accorder du temps et des moyens à la prospection pour renouveler ses ressources. Des mines sont chargées de l'approvisionner *régulièrement* en quantité et qualité. Pour assurer une *production régulière sur la durée*, une mine doit *gérer sa réserve* en réalisant à l'avance des travaux préparant l'accès aux minerais à extraire dans le futur. Pour ce faire, elle doit *gérer l'incertitude* à long terme sur ces minerais.

Les opérateurs agricoles ou industriels prélèvent des *ressources de la biosphère* et souvent *les pollue par leurs déchets*. Or, l'air que nous respirons, l'eau que nous buvons ou les sols que nous cultivons sont des ressources vitales pour la collectivité actuelle et les générations futures. Représentant la communauté, l'état doit donc édicter à ces opérateurs des règles pour les obliger à préserver nos ressources communes.

Toutes ces contraintes acceptées ou imposées ne se justifient que dans des univers fermés ou chacun est conscient de vivre collectivement sur des ressources limitées. Ces contraintes engendrent des difficultés que les opérateurs doivent surmonter pour *progresser* dans la *maitrise d'un avenir à long-terme limité et incertain*. Or, la *gestion d'un avenir à long terme incertain* peut s'avérer couteuse : collecte d'informations, études, précautions diverses, etc. Elle impose de consentir à l'avance des dépenses destinées à prémunir le projet contre des événements qui ne se produiront peut-être pas.

Un financier rechigne déjà à payer pour gérer des ressources requises de façon certaine pour maintenir la production. Mais, il préfère souvent *croire en des scénarios optimistes* plutôt que de payer à l'avance pour couvrir des risques de rupture de production. Les relations sont donc parfois tendues entre ceux qui conduisent un projet et ceux qui le financent. Mais, en économie fermée et dans la crainte d'un échec fatal, le financier s'en remet au *praticien qui gère les ressources et les aléas qui les affectent*.

Dans ce livre, l'incertitude dans l'espace terrestre est illustrée par la *gestion des ressources* et plus particulièrement à la *gestion des ressources minières*. Les méthodes objectives mises en œuvre à cet effet ont été développées durant les 30 glorieuses (1945-1973) à l'intention de grands groupes industriels intégrés soucieux de préserver leur approvisionnement en matière première dans un contexte économique fermé.

+ <u>Les effets de l'ouverture des marchés</u>

Depuis les années 70 et 80, nous sommes entrés dans l'ère la *mondialisation libérale*. Nous sommes désormais tous incités à gagner le plus d'argent possible le plus vite possible puisque l'argent est censé satisfaire tous nos désirs. Nous devons croire aux bienfaits d'une *croissance économique* dont nous serions tous tributaires. Le moteur exclusif de cette croissance est la maximisation de la rentabilité. Or, dans un marché ouvert, il est facile de gagner de l'*argent* en affrontant la concurrence par des pratiques commerciales ou financières. La supériorité scientifique ou technique n'est pas déterminante dans un monde où les cerveaux, s'ils existent, se commercialisent comme n'importe quelle ressource.

L'*ouverture des marchés* a relancé l'économie mondiale mise à mal par les chocs pétroliers des années 70. Elle a largement contribué au développement de pays pauvres à commencer par la Chine. Elle nous a offert 70 ans d'une paix relative en raison de l'imbrication des systèmes de production. Elle a aussi confié le pouvoir à des multinationales qui mettent les états en concurrence au détriment de leurs populations. Mais, elle a surtout le grave défaut de confondre *monde ouvert et monde infini.*

Or, nous vivons dans un monde fini aux ressources limitées. Même s'il est plus vaste que les états, les mêmes règles de préservation devraient s'y appliquer. Mais, ce n'est pas le cas : les acteurs de la croissance peuvent en toute liberté gaspiller nos ressources à des fins futiles. L'épuisement et la dégradation des ressources terrestres menacent donc notre avenir. Les ressources en énergies fossiles bon marché sont encore pléthoriques, mais elles ont des effets délétères sur nos ressources vitales. Le problème est le même pour les autres types de ressources.

Prônant l'objectivité, nous ne porterons aucun jugement sur la mondialisation économique. C'est une forme de société ni plus, ni moins fondée sur la croyance qu'une autre. Notre but est juste d'évoquer deux conséquences de la mondialisation :

- Le *progrès des connaissances* est freiné dans un monde fait de certitudes factices destinées à dynamiser la croissance. Les méthodes permettant d'appréhender l'incertitude, de la réduire et de la gérer sont les plus touchées.
- Les acteurs économiques actuels n'ont aucun intérêt à préserver à long terme les *ressources de la planète* alors qu'ils sont libres de les accaparer pour alimenter la croissance à court terme.

Autrement dit, le *miracle technologique* salvateur pour l'avenir de nos ressources n'aura probablement pas lieu. Touchant surtout des populations pauvres, l'épuisement annoncé des ressources influe peu sur l'économie ouverte initiée dans les années 80 par des nantis. La menace sur l'économie vient plutôt de doutes sur la capacité d'un système non régulable à maintenir une croissance factice en créant des besoins artificiels. Comme tout *système pyramidal* fondé sur la croyance, notre modèle économique libéral donne aujourd'hui des signes de faiblesse en raison d'une *crise de confiance.* Il pourrait donc vivre ses dernières années. Mais, il n'y a aucune raison de s'en réjouir car tout pourrait se terminer très mal sans pour autant déboucher sur une alternative plus favorable à la préservation des ressources terrestres.

La croissance qui freine le progrès

Notre *monde économique* se fonde sur un *goût du jeu* issu de certaines cultures, dont la culture américaine. Il entretient un *rapport à l'échec* très différent de ce qu'il était dans les *économies fermées de l'ère industrielle* d'avant les années 80. Un investisseur ayant misé sur un fiasco industriel sans réussir à se défausser à temps est perdant. Il acceptera son sort s'il pense avoir librement consenti à participer à un jeu non pipé. Mais, un fiasco engendre aussi des gagnants : les sous-traitants qui ont exécuté les travaux, l'état qui taxe l'activité, le promoteur du projet qui engage rarement son propre argent. *Un fiasco contribue donc à la croissance au même titre qu'un succès.*

L'époque n'est donc plus celle des ingénieurs et praticiens besogneux qui alimentaient le progrès au gré de leurs échecs. Elle est celle de bonimenteurs qui incitent à investir en glorifiant les succès et en passant sous silence les échecs. Dans ce monde économique la *culture de l'échec* qui permet de construire des savoirs objectifs s'efface derrière le *culte de la réussite* qui est une *manipulation par la croyance.*

Dans notre monde actuel, trois facteurs se conjuguent pour engendrer des circonstances peu favorables au progrès :

1. La tendance de toute société à entraver le progrès en incitant la recherche à privilégier les « *vérités qui arrangent* ».
2. Une *quête de rentabilité à court terme* à des fins privées qui ne favorise pas les innovations de grande ampleur au service de la collectivité.
3. Une tendance générale à *camoufler et à oublier les échecs* qui ne peuvent plus booster le progrès

Seules les « nouvelles technologies » ont le vent en poupe. Encore s'agit-il le plus souvent de technologies, pas si nouvelles, magnifiées par une présentation nouvelle ou des perspectives de science-fiction. Le rôle essentiel est joué par des startups qui lèvent des fonds auprès d'investisseurs ayant le goût du risque et qui revendent d'éventuelles réussites commerciales à des groupes industriels ne prenant pas de risques.

Toute l'action des startups repose sur la confiance des investisseurs, c'est-à-dire la *croyance en une réussite*. Aujourd'hui, les startups contribuent fortement à la croissance. Mais, les solutions aux véritables problèmes du monde ne sont pas à leur portée : pollutions, énergie, dégradation de la planète, gaspillage des ressources, dérèglement climatique, etc.

Paradoxalement, bien que destinées à alimenter une industrie lourde plutôt en perte de vitesse, les activités de prospection minière ont bien tiré leur épingle du jeu. A l'instar des startups, des « juniors » spécialisés en prospection réussissent à drainer des capitaux. Elles n'ont pas besoin de découvrir des gisements pour vivre. Elles organisent un jeu globalement perdant mais sporadiquement gagnant à l'intention d'individus fortunés fascinés par les « trésors de la terre ». Elles magnifient les découvertes et font oublier les échecs. Certaines, cotées en bourse, participent au jeu en soufflant le chaud et le froid sur leurs perspectives de découverte.

L'activité des « juniors » engendre de la croissance indépendamment de toute découverte. Beaucoup de « juniors » prospèrent plus par leur maitrise de la communication que par leur compétence en prospection. Néanmoins, la compétence est bien présente chez certaines « juniors » qui découvrent des gisements et contribuent ainsi au renouvellement des ressources pour l'industrie. Mais, l'éparpillement des efforts de prospection et la confidentialité sur les différentes actions ne favorise pas toujours le développement d'un savoir-faire partagé. Les découvertes sont cédées pour un bon prix à des « majors » qui se chargent de leur mise en exploitation.

La croissance qui gaspille les ressources

Bien que les ressources énergétiques et les ressources vitales de la biosphère soient plus déterminantes pour notre avenir, nous resterons dans le secteur minier pour illustrer l'impact délétère sur les ressources d'une croissance libérale en milieu ouvert.

La loi d'un marché mouvant et les objectifs de rentabilité à court terme auraient dû condamner des activités minières contraintes de s'engager à long-terme pour préserver la ressource et de composer avec une forte incertitude naturelle. Mais, ce n'est pas ce qui s'est produit. Les activités minières ont continué de prospérer en devenant *spéculatives* et en *s'affranchissant ainsi de tout engagement à long terme*. Cette mutation a eu de lourdes conséquences sur les ressources minières encore présentes sur la planète.

Aujourd'hui, les « majors » qui exploitent les gisements ne se préoccupent plus du long terme puisqu'elles peuvent céder leurs actifs au bon moment sur un marché ouvert. Or, dans une transaction, l'incertitude *sur le contenu du sous-sol* est plutôt un avantage pour le vendeur. Plutôt que de l'affronter pour poursuivre la production, les « majors » revendent la mine au bon moment en s'appuyant sur leur connaissance du gisement et en instrumentalisant à leur avantage l'incertitude de l'acheteur. *Dopée par l'ignorance d'autrui*, la *spéculation* est bien plus rentable qu'une activité de production tributaire d'incertitudes à long-terme.

L'activité minière est donc devenue une *activité spéculative à court terme* plutôt contre-nature. La *réalité industrielle* fondée sur une vision objective du sous-sol s'est effacée derrière une *réalité économique* fondée sur la croyance. La *mine spéculative* engendre beaucoup de perdants mais leurs échecs, honteusement camouflés, contribuent à la croissance. Aujourd'hui, force est de reconnaitre que *l'esprit « cigale »* lié à une vision économique à court terme fonctionne plutôt bien pour des mines désormais dégagées des contraintes à long terme.

Mais la *mine spéculative* gaspille les ressources minérales et accélère leur épuisement à long terme. Beaucoup d'investisseurs pratiquent *l'écrémage économique* pour maximiser leur rentabilité et être moins tributaires d'un avenir trop lointain et de son cortège d'incertitudes. *L'écrémage économique* consiste à n'extraire que le cœur riche d'un gisement via un investissement plus faible que celui qui permettrait de maximiser le bénéfice tiré d'un projet plus vaste. Une partie de la ressource est donc gaspillée sur l'autel de la rentabilité.

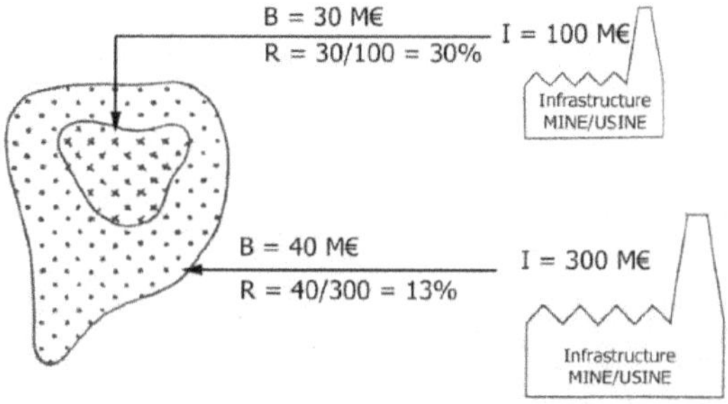

Figure 10 : L'écrémage économique

Dans l'exemple ci-dessus, l'investisseur préférera le projet rapportant 30M€ avec une rentabilité de 30% au projet rapportant 40M€ avec une rentabilité de 13%.

L'*écrémage à la cession d'actifs* est encore plus redoutable. Il arrive toutes les fois qu'un gisement en cours d'exploitation change de mains. Dans la perspective d'une cession, *le vendeur écrème les parties les plus accessibles du gisement* sans se préoccuper d'un avenir à long terme qui ne le concernera pas. Il dégage ainsi sur deux ou trois ans une forte rentabilité de façade qu'il utilise pour accroitre le prix de vente. Pour l'acheteur qui a cru les boniments du vendeur, c'est la double peine. Non seulement, il aura payé son gisement trop cher, mais, il devra, en plus, réamorcer à grand frais l'accès à une réserve qu'il devra peut-être en partie sacrifier.

La *gestion des ressources à long terme* a perdu beaucoup de son intérêt dans un secteur minier désormais dégagé de tout *engagement à long terme*. Les praticiens chargés d'évaluer les gisements ont été mis sous tutelle et sommés de produire des résultats taillés sur mesure pour la spéculation. A cet effet, leur ont été imposés des « *Reporting codes* » fourmillant de notions toutes plus dépourvues d'objectivité les unes que les autres : chances de découverte, niveaux de confiance, « ressources », facteurs correctifs magiques, etc. Ces considérations pseudo-économiques sont aux antipodes de nos méthodes. Un jeune géologue minier sera peut-être surpris de ne pas les retrouver dans ce livre.

Chapitre 4. L'INVESTIGATION

4.1 Les principes de l'investigation

Les avantages de l'élimination

L'élimination est un processus de décision non spécifiquement lié au traitement de l'incertitude. Pour l'illustrer, considérons un lot de pierres brutes dans lequel nous voulons sélectionner les plus grosses, les plus denses et celles de couleur bleue (Voir schéma ci-dessous, les pierres denses sont munies d'un + et les pierres bleues sont carroyées).

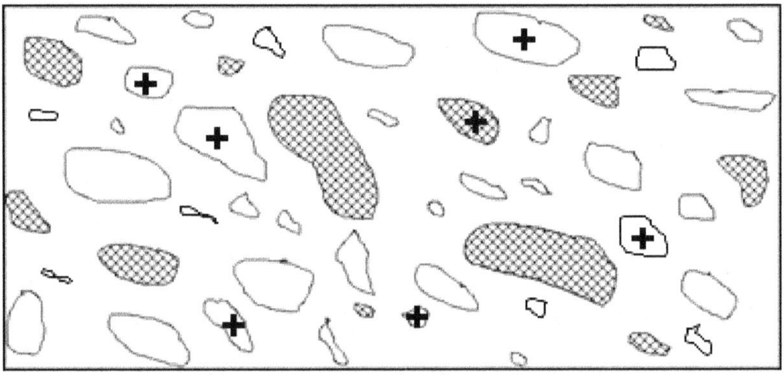

Figure 11 : Lot de pierres à trier

Nos *critères de tri* sont donc la taille, la densité et la couleur, c'est-à-dire des propriétés plus ou moins couteuses à observer. Un *tamisage* suffit pour trier selon la taille. Une *séparation gravimétrique* pour trier selon la densité est plus difficile à mettre en œuvre. Quant au tri selon la couleur, il faut procéder à un *examen visuel* coûteux. Plutôt que d'observer les trois propriétés sur chacune des pierres à trier, il est plus économique de réduire progressivement le lot en éliminant successivement les pierres trop petites, celles qui sont trop légères et celle qui ne sont pas bleues. L'économie nait de la diminution du nombre des pierres qui subissent les examens les plus coûteux. L'élimination est une stratégie efficace puisqu'un seul critère suffit éliminer un objet alors qu'il en faut plusieurs pour le sélectionner.

L'exemple des pierres à trier reproduit parfaitement les méthodes utilisées pour *l'enrichissement en usine de minerais morcelés.* Mais, attention, l'élimination ne répond pas aux cas où *la valeur d'une pierre dépendrait d'une combinaison de propriétés et de variables*. Dans ce cas, une pierre rejetée au tamisage pourrait compenser sa petitesse par une forte densité et un bleu éclatant. Un processus par élimination sur une variable facile à mesurer va donc engendrer des pertes. Ces pertes ne sont acceptables que si le recours à l'élimination fait plus que compenser leur coût. En *enrichissement de minerais morcelés,* on choisit les coupures de rejet sur différentes variables de façon à optimiser le bilan économique global de l'opération. Ce choix s'opère en prenant *modèle* sur un échantillon représentatif de la masse totale à traiter. Cette démarche est courante en recherche méthodologique comme nous le verrons dans la suite.

Au stade de l'investigation, le but premier n'est pas de sélectionner des objets mais de *sélectionner le modèle* auquel se rattache un objet particulier non réalisé. Les propriétés communes d'un modèle sont des *conditions nécessaires* pour qu'un objet puisse y être rattaché. Le praticien procédera donc en *éliminant les modèles* exigeant la présence d'une propriété absente sur l'objet particulier. Il est d'usage de mener l'investigation à coût de l'information croissant sur un panel de modèles de plus en plus réduit. Ainsi un médecin prescrira des examens de plus en plus couteux pour réduire la liste des maladies dont pourrait souffrir son patient. De même, un prospecteur met en œuvre une campagne de reconnaissance pour réduire la liste des modèles géologiques favorables.

Certaines stratégies d'investigation portent sur *plusieurs objets*. Pour s'épargner la collecte d'informations inutiles, le praticien abandonnera les objets présumés sans intérêt au regard des modèles restant en lice ou en raison de facteurs extérieurs. En cours d'investigation, l'élimination de modèles de rattachement se double alors d'une élimination d'objets. Un aménageur abandonnera un projet sur un site non favorable pour des raisons financières, sécuritaires ou environnementales. Un prospecteur abandonnera des territoires non favorables au fur et à mesure du progrès de la reconnaissance. En prévention des risques naturels, on renoncera à surveiller des secteurs présumés non dangereux.

+ **La logique du rattachement à une classe**

Pour le rattachement d'un objet particulier à une classe, l'intérêt essentiel de la logique par élimination est *qu'elle ne requiert pas de connaitre les jeux de propriétés exclusifs des classes*. Le praticien commence par utiliser les informations dont il dispose sur l'objet particulier déterminant l'action pour établir une liste de classes présumées de rattachement et la liste des propriétés à observer pour se rattacher à ces classes. A chaque propriété absente de l'objet particulier, il éliminera toutes les classes pour lesquels la présence de cette propriété était une condition nécessaire au rattachement de l'objet.

Pour se rattacher à un modèle, la logique par élimination est exactement la même, mais, on ne peut tester que les propriétés observables. On ne se rattachera qu'à un modèle englobant une classe si l'investigation doit s'arrêter avant d'avoir observé toutes les propriétés distinctives d'une classe.

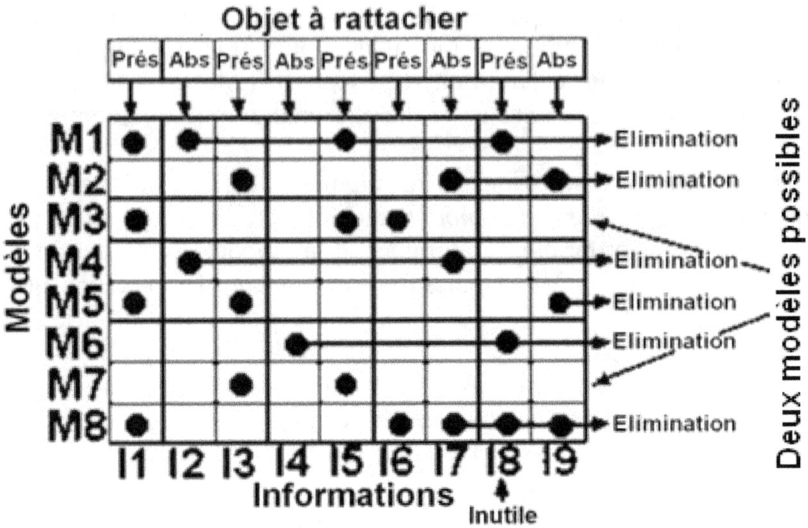

Figure 12 : Rattachement à un modèle par élimination

La figure ci-dessus illustre schématiquement le procédé par élimination. Nous avons reporté en ordonnée une liste à réduire de 8 modèles et, en abscisse une série ordonnée de 9 informations sur la présence ou l'absence de 9 propriétés. Les propriétés présentes ou absentes sur l'objet à rattacher sont spécifiée sur la ligne surmontant le tableau croisé des modèles et des informations. La présence d'une propriété sur l'objet particulier ne conduit à aucune élimination. Son absence conduit à l'élimination de tous les modèles marqués par un point pour lesquels la propriété devait nécessairement être présente. Les modèles éliminés sont représentés par une flèche horizontale.

Cet exemple appelle 3 remarques :

- Le constat de la présence d'une propriété sur l'objet particulier n'apporte rien en termes décision. *Seule l'absence est décisive.* Cette règle contre-intuitive souligne le caractère illusoire du « réconfort » que nous ressentons tous quand la présence d'une propriété semble corroborer un rattachement souhaité a priori.
- *L'ordre de collecte des informations détermine la vitesse de convergence* vers le modèle et le nombre total de conditions à tester. En collectant en priorité les informations I2, I4, I7 et I9, nous en serions arrivés au même résultat en nous épargnant le coût des autres informations. Mais, nous ne pouvions pas le savoir à l'avance.
- L'information I8 était inutile puisqu'elle ne conditionne pas le rattachement à l'un des 3 modèles non encore éliminés M3, M5, M7. A chaque nouvelle information, *il faut donc vérifier qu'elle a toujours de l'intérêt pour les modèles restant en lice.*

Le praticien élimine donc non seulement les modèles exigeant la présence d'une propriété absente sur l'objet particulier, mais aussi les informations dont la collecte n'est plus justifiée par les modèles restant à tester. La séquence des propriétés à tester qui minimise le coût global de la collecte d'information n'est connue qu'a postériori. Pour cette raison, c'est généralement l'ordre croissant du coût de l'information qui hiérarchise la classification utilisée.

Si, en fin d'investigation, *l'objet particulier déterminant l'action n'a pu être rattaché à un modèle*, le praticien renoncera à agir sur cet objet faute de méthode à lui appliquer. Si, en fin d'investigation, *l'objet particulier déterminant l'action a pu être rattaché à un modèle*, le praticien agira sur cet objet particulier en utilisant la méthode optimisée sur ce modèle.

Les suites d'un non-rattachement

Le non-rattachement à un modèle équivaut au non-rattachement à une classe puisqu'il découle de l'absence d'une propriété qui devait être nécessairement présente sur les deux. *Le non-rattachement prive le praticien de tout moyen d'action* faute de disposer d'une méthode afférente un modèle. Un médecin soulagera son patient mais, sans diagnostic, il ne le traitera pas pour une maladie spécifique. Un prospecteur ne cherchera pas un gisement sans modèle, c'est-à-dire à des endroits où personne n'en a jamais trouvé. En prévention, un praticien ne pourra pas se prémunir contre un événement dangereux sans se référer à un modèle bâti sur des circonstances analogues.

Si la *liste de départ était censée regrouper toutes les classes existantes connues*, l'objet aurait dû être rattaché à un modèle. Comme il ne l'est pas, c'est forcément la classification utilisée par la méthode d'investigation qui est en *erreur*. Ainsi, le diagnostic d'un médecin sera mis en échec quand la maladie de son patient ne figure pas dans la liste toutes les maladies possibles déjà connues. La défaillance de la classification peut s'expliquer par la *découverte d'un objet nouveau* ne rentrant dans aucune classe existante. Elle peut aussi s'expliquer par *l'élimination erronée d'une classe* de rattachement sur absence d'une propriété induite qui n'était pas nécessaire. Dans les deux cas, le savoir porté par la classification doit être corrigé.

Si la *liste de départ était partielle et ne contenait que des modèles ayant une utilité pour l'action*, le non-rattachement ne résulte pas forcément d'une défaillance du savoir puisque l'objet à rattacher peut se situer hors de la classification. Ainsi, en prospection, seuls les contextes géologiques ayant déjà livré des gisements figurent dans la liste des modèles de gisement. Par défaut, le non-rattachement d'un objet est considéré comme normal et justifie l'abandon de l'investigation. Un prospecteur abandonnera le terrain à reconnaitre faute de modèle porteur d'une méthode pour la suite.

Mais, le non-rattachement peut aussi découler d'une défaillance de la classification comme dans le cas d'une liste exhaustive de modèles. *L'abandon de l'investigation est alors une erreur qui n'est pas toujours constatée à postériori.* En prévention des risques naturels, les conséquences de cette erreur seront constatées à la survenue d'une catastrophe et la méthode d'investigation sera corrigée. Mais, en prospection minière, l'abandon par erreur d'un terrain qui contenait un gisement passera inaperçu et ne donnera lieu à aucune correction du savoir.

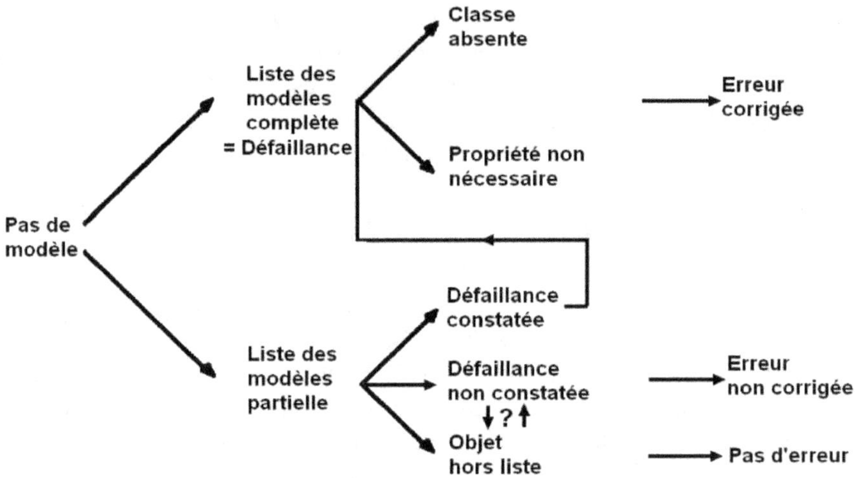

Figure 13 : Interprétation du non rattachement

Le synoptique ci-dessus fait la synthèse sur les différentes raisons expliquant le non-rattachement à un modèle. Le progrès du savoir dépendra fortement de la stratégie d'investigation propre à chaque métier, c'est-à-dire de sa capacité à révéler plus ou moins tôt les erreurs du praticien. Le chapitre suivant expose 3 stratégies très différentes sur ce point : les stratégies d'identification, de prévention et de recherche.

Les suites d'un rattachement

L'investigation aboutit au rattachement à un modèle de l'objet particulier non réalisé déterminant pour l'action. Les distributions de fréquence bâties sur les objets du modèle simulent objectivement l'incertitude sur cet objet particulier. *Le modèle peut être confondu avec une classe.* L'objet particulier rattaché possède alors toutes les propriétés communes de la classe. Les propriétés variables de la classe simulent l'incertitude. Ainsi, la même maladie n'a pas les mêmes effets pour tous les patients. *Un modèle peut aussi englober la classe.* L'objet particulier est alors rattaché au modèle en fonction des seules propriétés observables la classe. Se rattacher à un modèle métallogénique ne garantit pas la présence d'un gisement.

Après rattachement à un modèle, le praticien choisit l'une des 3 options suivantes :

- Il applique la *méthode de décision* optimisée sur ce modèle. Un médecin appliquera à son patient le traitement optimisé pour la maladie qu'il a diagnostiquée. Un exploitant ouvrira ou non une mine sur un gisement découvert.
- Il applique une nouvelle *méthode d'investigation* également fonction du modèle. Après une investigation sur un volcan, le praticien installe un dispositif de surveillance. Après une campagne de prospection, le prospecteur en prescrit une nouvelle.
- Il peut aussi décider *d'abandonner l'objet rattaché* si, au regard du modèle, l'opération entreprise n'a aucune chance de succès.

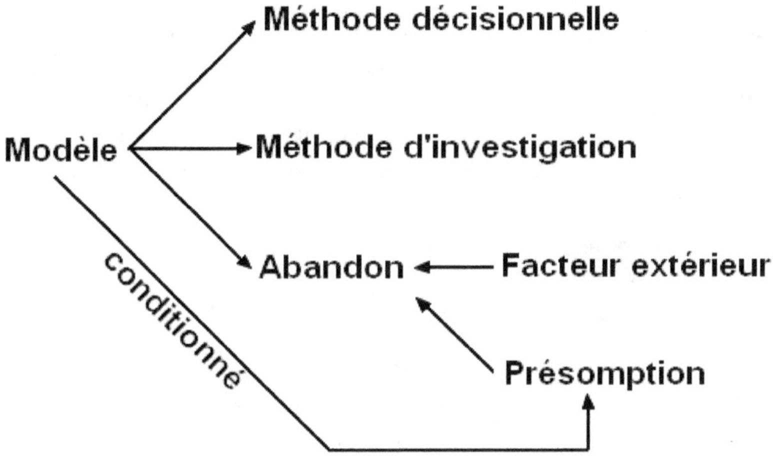

Figure 14 : Interprétation du rattachement

Deux causes peuvent conduire à l'abandon d'un objet : un *facteur extérieur* ou une *présomption. Les facteurs extérieurs* peuvent survenir en fin d'investigation alors qu'ils n'existaient pas au début. Ainsi, des obstacles politiques, économiques et réglementaires surviennent parfois sur certaines zones d'un permis de prospection. De même, le départ des populations occupant une zone dangereuse rendra inutile sa surveillance. *Une présomption* nait quand un modèle est *conditionné* par une propriété observée sur un objet rattaché. *Une présomption défavorable* sur un objet peut conduire à son abandon comme nous allons le voir ci-dessous.

<u>L'abandon d'un objet sur présomption</u>

A l'inverse d'un médecin, le praticien des sciences de la terre travaille sur des objets spatiaux : sites géographiques, terrain continu à découper, objets géologiques, etc... L'investigation est donc menée *conjointement sur plusieurs objets* potentiellement rattachables aux mêmes modèles.

L'abandon d'un objet rattaché à un modèle et *présumé sans intérêt* au regard de ce modèle est une pratique courante en cours d'investigation. Ainsi, un ingénieur abandonnera certains sites pressentis pour un barrage. De même, à l'issue d'une campagne, un prospecteur réduira le territoire prospecté en vue des suivantes.

La notion de présomption s'appuie sur le *conditionnement d'un modèle* par une propriété. Au lieu de se référer à l'ensemble des objets du modèle pour simuler l'incertitude, on se réfère à un sous-ensemble porteur d'une propriété variable observée sur l'objet rattaché. Le *modèle ainsi conditionné* permet d'adapter un traitement à une spécificité de l'objet rattaché. Par exemple, on adaptera le traitement d'une maladie à la présence ou non d'antécédents cardiaques chez un patient particulier (Voir chapitre 5 : LA DECISION).

Les modèles utilisés en cours d'investigation sont plus frustes qu'en contexte opérationnel. Ils se bornent à fournir la fréquence d'un phénomène souhaité ou redouté en présence d'une propriété variable observée sur l'objet rattaché. Cette fréquence peut déboucher sur une présomption défavorable pour la suite de l'investigation et ainsi conduire à abandonner l'objet.

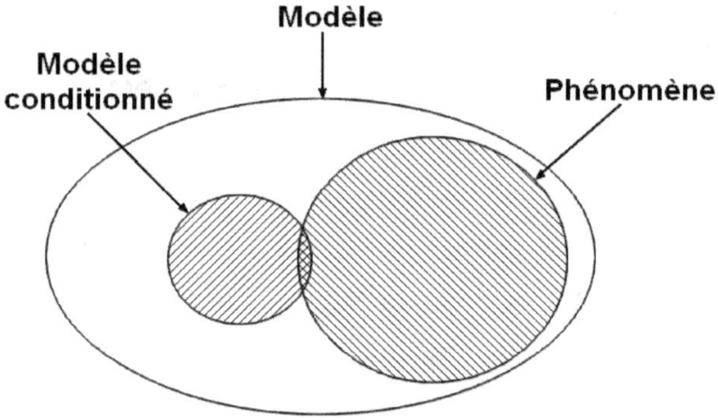

Figure 15 : Conditionnement de la survenue d'un phénomène

La figure ci-dessus explique graphiquement comment le conditionnement d'un modèle engendre des présomptions susceptibles de conduire à un abandon. Dans cet exemple, le *modèle* (Grande Ellipse) englobe la *classe* du phénomène susceptible de se produire (Cercle de droite hachuré) et des cas où il ne se passe rien. Le *modèle conditionné* par une propriété variable du modèle (Cercle de gauche hachuré) a une intersection (Hachurée) avec le cercle de la classe du phénomène. Cette intersection est très petite. De ce fait, *la fréquence des phénomènes dans le modèle conditionné est beaucoup plus faible que dans le modèle global*. Il y a donc une forte présomption pour que le phénomène ne survienne pas sur un objet pourvu de la propriété conditionnant le modèle de rattachement.

Une forte présomption pour qu'un phénomène ne survienne pas sur un objet conduit à l'abandon de cet objet. Ainsi, l'absence d'indices minéralisés à un stade avancé d'une prospection peut conduire à abandonner un territoire pourtant rattaché à un modèle géologique globalement favorable. L'absence persistante de signes précurseurs d'une éruption peut conduire à abandonner la surveillance d'un volcan.

⸸ **Les abandons par anticipation**

En pratique des sciences de la terre, l'abandon des modèles et des objets est un moyen *d'épargner les frais d'investigation.* Plus l'abandon sera précoce, plus le coût global de l'investigation sera réduit.

Un *facteur extérieur* non détecté en début d'investigation peut conduire à des abandons :

- Un *objet* peut devenir sans intérêt. Un arrêté de protection d'une zone prospectée conduira à son abandon.
- Un *modèle* peut devenir sans intérêt. L'abandon d'un projet de développement régional signera l'abandon de cibles filoniennes dont l'exploitation dépend d'infrastructures existantes.

L'observation sur un objet d'une *présomption défavorable* au regard d'un modèle permet d'éliminer le couple (Objet, Modèle) sans attendre le rattachement. Le modèle peut rester en lice pour d'autres objets et l'objet peut rester prometteur à l'égard d'autres modèles. Après cette analyse croisée des objets et des modèles, on abandonnera les objets sans modèle et les modèles sans objet.

Les abandons par anticipation permettent de *limiter les frais d'investigation*. Mais, ils estompent la distinction :

- Entre l'élimination des modèles et celle des objets.
- Entre des critères fondés sur le savoir et ceux liés aux objectifs.

Le praticien veillera donc à bien mémoriser les raisons de ses décisions à l'intention de ses éventuels successeurs. Cette précaution est cruciale pour les stratégies d'investigation dont l'objectif est plus d'éliminer des objets que d'éliminer des modèles. Un détective rattache un crime à un modèle mais surtout recherche un criminel par élimination dans une liste de suspects. Un prospecteur rattache des territoires à des modèles, mais surtout, utilise ces modèles pour éliminer les zones non favorables.

4.2 Les stratégies d'investigation

Nous distinguerons trois stratégies d'investigation :

- Les *stratégies d'identification* visent à rattacher un objet physique observable à une classe : diagnostic d'une maladie, identification de roches, de minéraux, de fossiles, de types de sol, etc...
- Les *stratégies de prévention* visent à rattacher un site particulier à des modèles d'événements dangereux.
- Les *stratégies de recherche* visent à rattacher un territoire à des modèles géologiques recélant des cibles cachées.

Les stratégies d'identification

Les praticiens des sciences de la terre ont recours à des stratégies d'identification pour divers objets : risque tellurique, formation géologique, roche, minéral, etc... Mais, l'identification fait alors partie d'une stratégie de prévention ou de recherche. C'est pourquoi nous préfèrerons illustrer la *stratégie d'investigation* par l'exemple familier du *diagnostic d'une maladie* par un médecin. Ce dernier raisonne en 5 étapes :

1. Il observe les *symptômes* présentés du patient pour constituer une liste de maladies possibles. Autrement dit, il établit la liste des classes de rattachement possibles sur la base de *présomptions initiales.*
2. Il prescrit des *examens* susceptibles d'éliminer les maladies exigeant des conditions qui pourront s'avérer absentes chez le patient. Autrement dit, il lance une investigation pour rejeter les classes dont au moins une des propriétés communes est absente sur le cas particulier déterminant l'action.
3. La *maladie diagnostiquée* est celle qui n'a pas été éliminée et pour laquelle le patient remplit toutes les conditions nécessaires. Le diagnostic équivaut au rattachement d'un cas particulier à un modèle confondu avec une classe.
4. Enfin, le médecin *soigne son patient* en lui appliquant le traitement prévu pour la maladie qu'il lui a diagnostiquée. Autrement dit, il applique à un cas particulier le traitement choisi sur la classe prise en modèle.
5. Si aucune maladie ne peut être diagnostiquée, le médecin ne dispose pas de traitement et ne peut que soulager le patient. Mais, *il fait remonter son échec* aux chercheurs pour améliorer le savoir médical.

Les stratégies d'identification représentent la *version la plus dépouillée* des méthodes d'investigation. Elles se cantonnent au rattachement à une classe d'un objet physique à identifier : maladie, minéral, fossile, etc... Le modèle se confond avec la classe puisque toutes les propriétés définissant la classe sont observables avant toute action.

Le *rattachement d'un objet à une classe* permet de prédire avec certitude la présence de toutes les propriétés communes de la classe. Il permet d'appliquer à l'objet un traitement intégrant l'incertitude simulée par les *propriétés variables de la classe*. Mais, le succès espéré du traitement n'est pas garanti. Le devenir d'un patient souffrant d'une maladie bien diagnostiquée et bien traitée reste toujours incertain.

Le *non-rattachement à une classe* signifie que l'objet à identifier est d'un type nouveau non encore répertorié. Le praticien ne dispose pas de traitement pour une maladie nouvelle, pas de normes de construction pour un substrat inconnu, pas de traitement pour un type de minerai inconnu. Selon les cas, il renoncera à passer au stade décisionnel (Ex : construction d'un barrage) ou il y passera en mode dégradé (Ex : maladie). Dans tous les cas, l'échec est remonté aux chercheurs chargés d'améliorer les traitements et contribue ainsi à améliorer le savoir pratiqué.

Les stratégies de prévention

La gestion des risques naturels permet de se prémunir contre les dangers telluriques ou météorologiques qui menacent un territoire donné : séismes, éruptions volcaniques, tsunamis, foudre, tempêtes, sécheresse, inondations, glissements de terrain, avalanche, intempéries, etc... S'y surajoutent les risques liés aux activités humaines : atteintes à l'environnement, projet d'aménagement dangereux, effondrements miniers, etc...

En général, un *risque* est défini comme la résultante de quatre facteurs : un *danger*, une *probabilité*, une *gravité* et une *acceptabilité*. Le *danger* est un événement redouté inscrit au champ des possibles. La *probabilité* de cet événement, qui n'est pas objective, est remplacée par sa fréquence au sein d'un modèle. La *gravité* et l'*acceptabilité* sont des notions subjectives que nous rapporterons au coût de cet événement dans un barème nécessaire mais arbitraire. Exprimé de cette façon, un risque naturel est analogue à la perspective de découverte d'une ressource munie d'une probabilité simulée sur modèle et d'une valeur. La différence est que le danger est redouté alors que la ressource est souhaitée.

La prévention des risques naturels fait appel à deux types d'investigation :

- *L'investigation d'un site exposé aux risques* pour y estimer la nature et l'ampleur du danger. Elle débouche sur des méthodes proactives destinées à contrer le danger ou à en atténuer les effets.
- *La surveillance dans le temps* d'un risque identifié et localisé. Elle débouche sur des méthodes réactives mises en œuvre a posteriori.

L'investigation d'un site exposé aux risques permet de le rattacher à un modèle englobant une classe de dangers. En général, elle porte sur plusieurs sites à la fois et permet de tracer une carte d'exposition aux risques. A l'inverse d'une liste de maladies, la liste des dangers ne couvre pas au départ tous les cas possibles puisqu'un site n'est pas forcément dangereux.

Le non-rattachement à un modèle est interprété comme une absence de danger. Autrement dit, on conclut qu'un site n'est pas dangereux s'il ne s'est jamais produit d'événement dangereux sur des sites semblables. C'est une erreur si un événement dangereux survient quand même. Il s'agit alors soit d'une classe de dangers non encore répertoriée, soit d'une erreur dans la liste des conditions nécessaires à la survenue d'un danger. Maigre consolation : cette *erreur est détectée a posteriori* et contribuera à l'amélioration du savoir.

Le rattachement à un modèle débouche sur plusieurs actions possibles en fonction de l'analyse du modèle :

- Parfois, cette analyse conduit à mettre en œuvre une *méthode de décision* proactive atténuant par des précautions les conséquences du danger identifié. Ces précautions sont intégrées dans des projets d'aménagement (barrages, voies de communication, mines, carrières, canaux, bâtiments, etc...) ou destinées à sécuriser les populations (digues de protection, confortement de talus, arrêtés d'interdiction, etc...).
- Parfois, elle conduit à *abandonner toute action* sur le site en raison d'une présomption de non-dangerosité ou de facteurs extérieurs liés, par exemple, à une faible occupation humaine.
- Parfois, elle conduit à mettre en œuvre une *nouvelle méthode d'investigation* dédiée à la surveillance dans le temps du phénomène dangereux identifié (surveillance d'un volcan, surveillance continue d'un massif rocheux instable, veille météorologique, etc....).

La surveillance dans le temps est une collecte en continue de données sur un site réputé dangereux. La méthode de surveillance est élaborée sur le modèle de sites semblables au site surveillé. Elle est ensuite améliorée par ajout des données collectées sur le site surveillé lui-même. Les données du modèle sont des propriétés variables ou des variables numériques. Elles couvrent à la fois des signes précurseurs potentiels et les événements dangereux qui surviennent.

Une alerte est déclenchée en présence d'une conjonction de signes précurseurs traduisant une forte présomption pour l'émergence du danger. Le praticien réagit à une alerte en mettant en œuvre les dispositifs déjà prévus pour contrer ou atténuer les effets de l'événement redouté. On pourra évacuer les populations, vidanger un barrage, détourner une coulée de lave, etc... La réaction est souvent graduée en fonction de l'évolution de la situation.

La gestion des risques naturels implique *d'investir dans le présent en prévision d'un danger qui ne surviendra peut-être pas*. Souvent, les décideurs préfèrent parier que l'événement ne se produira pas pour éviter ce coût anticipé. En cas de problème, ils se dédouanent assez facilement en invoquant a posteriori les effets inévitables d'un aléa naturel. Le praticien a rarement les financements pour agir a priori, mais, il doit souvent assumer les erreurs a posteriori.

- ## Les stratégies de recherche

Toutes les activités humaines dépendent étroitement de *ressources* plus ou moins cachées au sein d'un sous-sol opaque : pétrole, charbon, gaz naturel, sels divers, phosphates, eaux souterraines, minerais métalliques, matériaux de construction, minéraux industriels, etc… Ces ressources, solides, liquides ou gazeuses, sont extraites par divers dispositifs.

La plupart de ces ressources sont liées à des objets de petite taille par rapport à celle de l'espace de recherche. La découverte à coup sûr d'un tel objet impliquerait de reconnaitre cet espace selon une maille plus fine que la taille présumée de l'objet cherché. Pour réduire le coût rédhibitoire d'une telle reconnaissance, les stratégies de recherche progressent en combinant l'élimination de modèles et la réduction du territoire de recherche.

Pour rechercher un objet caché de petite taille, on commence par dresser la liste des classes auxquelles cet objet pourrait appartenir : les *cibles*. Ensuite, on recherche des objets plus gros dont la présence est une propriété nécessaire pour la présence d'une de ces *cibles*. Une *stratégie de recherche* sera donc *convergente et hiérarchisée* en ce sens qu'elle découvre des objets de plus en plus petits sur des surfaces de plus en plus réduites et de mieux en mieux connues. Elle décompose la recherche dans l'espace et dans le temps :

- Le *territoire de recherche est fractionné* en zones considérées comme des objets sur lesquels l'investigation peut être poursuivie ou abandonnée. On réduit le territoire investigué par abandon des zones non propices à une découverte.
- La *recherche est décomposée en campagnes successives*. A chaque campagne, le praticien recherche des objets géologiques nécessaires au regard des cibles visées et détectables en raison de leur taille.
- *Chaque campagne utilise un modèle et une méthode* de reconnaissance adaptés à la taille des objets recherchés. Les modèles successifs sont donc hiérarchisés en fonction de l'échelle.

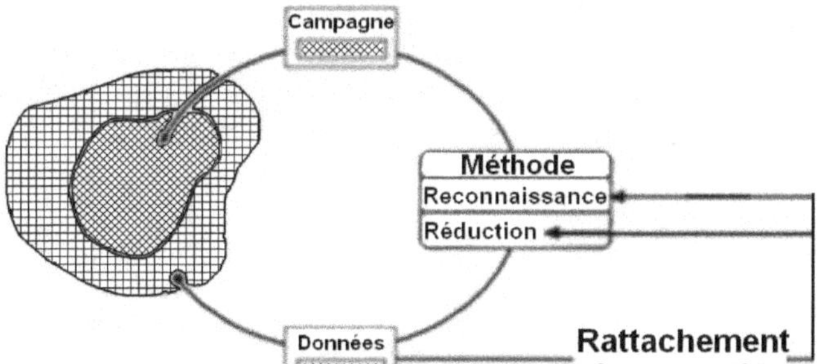

Figure 16 : Réduction du territoire et choix de la reconnaissance

La *cible est une classe d'objets petits* (Ex : un type de gisement) induisant la présence d'objets géologiques plus volumineux. En général, la cible est aussi également munie d'une interprétation métallogénique. Chaque campagne doit permettre d'observer des objets géologiques induits d'une taille compatible avec le réalisme financier. Une campagne se définit par un *volet stratégique* et un *volet tactique*.

- *Stratégiquement*, elle réduit le territoire de recherche par élimination des zones ne présentant aucun des objets géologiques induits par les cibles restant en lice.
- *Tactiquement*, elle met en œuvre une méthode de reconnaissance pour la recherche d'objets géologiques de taille plus réduite. Cette méthode est optimisée sur un modèle formé d'objets semblables.

Chaque campagne est donc une investigation à part entière sur des types d'objet dont la taille décroit à chaque nouvelle campagne. La liste des cibles de départ peut couvrir des cibles diverses. En général, le praticien s'accommode de cette diversité en jouant sur l'enchainement des campagnes :

- Les *premières campagnes* sont conçues pour rechercher des objets géologiques communs à toutes les cibles de la liste.
- Les *campagnes suivantes* permettent d'éliminer des cibles suite à l'abandon des zones concernées par ces cibles.
- Dans les *dernières campagnes,* subsistent parfois des cibles divergentes requérant des reconnaissances différentes. Le praticien doit alors en choisir une quitte à revenir aux autres par la suite.

Très souvent, la recherche échoue et conduit à l'abandon de la totalité du territoire initial. Une *stratégie de recherche* est modulée en fonction des objectifs. En prospection de renouvellement des réserves, on préfère risquer de passer à côté d'une découverte plutôt que de gaspiller des budgets plus utiles ailleurs. En revanche, une « junior » hésitera moins à gaspiller son financement sur les terrains qu'elle contrôle.

En général, l'échec d'une recherche passe inaperçu puisqu'il résulte d'une non-découverte dont personne n'aura connaissance. Dans une stratégie de recherche, *l'échec ne peut donc contribuer à l'amélioration du savoir puisqu'il* n'est généralement pas constaté. C'est la différence essentielle entre une stratégie de recherche et une stratégie de prévention.

4.3 La prospection minière

La prospection minière est la plus emblématique des stratégies de recherche. C'est également le point d'entrée de la Gestion des Ressources Minières qui alimente beaucoup d'exemples dans ce livre. La prospection minière est une pratique de la géologie. La métallogénie est structurée en fonction des besoins de la prospection.

Contexte financier et juridique

Un gisement est une concentration métallique partiellement exploitable cachée au sein d'un sous-sol opaque. C'est une ressource non renouvelable, non pourvue de limites naturelles et *non chiffrable indépendamment d'une exploitation.* Le découpage d'un gisement par une exploitation réelle ou projetée contient la réserve qui, elle, est chiffrable objectivement. Pour alléger l'exposé, le terme de gisement sera appliqué indifféremment à la concentration et à son découpage par une exploitation.

La prospection des gisements oblige à miser gros sans garantie de succès et la question de sa rentabilité n'a guère de sens. Son financement conduit à distinguer trois stratégies de prospection : la *prospection de renouvellement*, la *prospection d'inventaire* et la *prospection des « Juniors »*.

La *prospection de renouvellement* est financée par groupes industriels désireux d'assurer la continuité de leur approvisionnement en matière première. Jadis, le renouvellement de la ressource était un besoin stratégique majeur pour beaucoup d'industries. La prospection était alors une obligation. De nos jours, l'accès à la matière première est grandement facilité par l'ouverture des marchés. La prospection de renouvellement s'est marginalisée dans les années 70 et 80 suite à la décolonisation, la désindustrialisation et la mondialisation. Elle reste aujourd'hui l'apanage d'entreprises contraintes de pérenniser localement leur activité.

La *prospection d'inventaire* est financée par des états désireux de promouvoir l'industrie minière et les industries transformant les substances extraites. La prospection d'inventaire évite aux sociétés minières d'investir ex-nihilo sur des territoires trop incertains. En France, le BRGM a réalisé un travail considérable sur le territoire national et dans d'autres pays via des accords de coopération. Mais, depuis les années 70, ces actions de promotion pour une industrie moribonde n'ont plus raison d'être.

Les *« Juniors »* sont des entreprises spécialisées en prospection et fonctionnant comme des startups. Elles font appel à des capitaux privés pour financer leurs travaux. Le système des juniors, déjà évoqué dans le Chapitre 3 : LA CROYANCE, est un pur produit d'une culture anglo-saxonne très portée sur les jeux d'argent. Il engendre beaucoup de perdants mais, il passionne des joueurs fascinés par les mystères de la terre. Les juniors assurent aujourd'hui l'essentiel des activités de prospection dans le monde occidental.

Juridiquement, comme toute ressource non renouvelable, un gisement est appropriable sous l'égide d'une législation minière propre à chaque pays. Dans la plupart des pays anglo-saxons, la propriété du sous-sol relève du droit privé et les droits sur les substances minérales sont négociés avec le propriétaire du sol qu'il soit public ou privé.

Le code minier français distingue 2 catégories de substances minérales. Les *substances non concessibles*, dites de carrières, appartiennent au propriétaire du sol et relèvent du droit privé. Les *substances concessibles*, dites minières, sont gérées par l'état et relèvent du droit public. Leur liste est définie par le législateur. Il s'agit essentiellement de minerais, de substances énergétiques et de sels.

Un prospecteur ne peut engager des frais de reconnaissance sans s'être préalablement assuré de son droit à valoriser une éventuelle découverte. Dans les cas relevant du droit privé, le prospecteur négocie des futurs droits à exploiter avec le propriétaire. Dans les cas relevant du droit public, l'état accorde un permis de recherche assorti d'un droit futur à exploiter. Mais, la protection du prospecteur n'est jamais totale. On ne compte plus les déconvenues nées de législations locales mal comprises notamment les législations sur l'environnement.

Dans ce qui suit, nous allons exclusivement nous intéresser à la prospection de gisements petits et bien cachés au sein de permis de recherche étendus. Le prospecteur met alors en œuvre une *stratégie de recherche* telle que décrite ci-dessus.

✦ **Les critères de décision externes**

Les critères de décisions externes évitent de se fourvoyer sur des territoires pour lesquels il est évident qu'une exploitation ne répondrait pas aux objectifs de l'exploitant. Ces critères technico-économiques sont moins tributaires de l'incertitude que les critères géologiques. Ils doivent donc intervenir en priorité pour la réduction du territoire. Ils sont fondamentaux pour un renouvellement devant répondre à des objectifs de production déterminés. Ils ont moins d'importance pour une « junior » qui pourra rechercher des acheteurs intéressés par tel ou tel type de gisement.

L'étude de cible fait la synthèse des objectifs de l'entreprise et anticipe les contraintes pouvant porter sur l'exploitation d'une éventuelle découverte : règlementation, accès, politique, développement de la région, etc. La règlementation est un facteur majeur dans le choix des terrains à prospecter. Il sera très difficile de valoriser une découverte sur des zones sensibles sur le plan archéologique ou environnemental. Les pays politiquement instables ou pourvus de législations mouvantes sont peu favorables.

En revanche, l'accès facile à une future exploitation et de bonnes infrastructures sont des facteurs favorables : voies ferrées, ressources en eau ou en énergie, ports en eau profonde, etc. Le rôle de ces critères dépend de la taille de la cible visée. Un gisement important justifiera la création d'infrastructures alors que la rentabilité des petits gisements est tributaire d'infrastructures existantes. Des synergies influent également sur la définition de la cible, mais, ce sont des critères de décision fragiles.

Les cibles de prospection doivent surpasser le "gisement minimal à trouver » (taille, difficulté d'exploitation, profondeur, accès, traitement du minerai, etc.) pour répondre aux objectifs. *L'étude de cible* est une étude de faisabilité inversée puisqu'au lieu de définir un projet d'exploitation sur un gisement identifié, elle définit un "gisement minimal à trouver ». Bien que moins détaillée, elle en couvre tous les chapitres : transport, environnement, traitement et exploitation. Un prospecteur est donc un praticien généraliste et non un géologue hyper-spécialisé.

Incluse dans l'étude de cible, *l'étude d'enjeu* vérifie que les frais à engager pour les prochaines campagnes de reconnaissance ne sont pas disproportionnés par rapport aux perspectives de découverte. Ainsi, des gisements filoniens ne peuvent être reconnus à l'avance sur une hauteur suffisante pour prouver une réserve permettant d'envisager la création de grosses infrastructures. Les coûts de l'investigation par des puits et des galeries rejoignent ceux d'une exploitation. Ils sont trop importants pour justifier la poursuite des recherches dans des régions non développées.

En général, un groupe minier désireux de renouveler ses ressources gère plusieurs cibles sur plusieurs territoires. Le budget de prospection est alors réparti sur plusieurs chantiers via une étude comparative entre cibles de prospection plus ou moins avancées. Beaucoup de facteurs rentrent en jeu : le besoin de renouvellement des réserves à plus ou moins long terme, l'obligation légale de dépenser chaque année une somme minimale, l'obligation éventuelle de rétrocéder une partie des permis de recherche, etc.

✦ Les critères de décision géologiques

La prospection convergente enchaîne des campagnes de reconnaissance combinant deux démarches par élimination : la *réduction du nombre de cibles* et la *réduction du territoire à prospecter*. Les campagnes successives recherchent des objets de taille décroissante reconnus à densité croissante sur un territoire de plus en plus réduit.

A la fin de chaque campagne, le prospecteur traite les informations collectées en adoptant la démarche propre à toute stratégie de recherche :

1. Le territoire prospecté est découpé en *zones géologiquement homogènes*.
2. Les zones défavorables au regard des *critères externes* sont abandonnées.

3. *L'absence sur une zone d'un objet requis* par une cible permet d'éliminer cette cible pour cette zone.

4. *La présence sur une zone d'une propriété conditionnant la cible défavorablement* permet d'abandonner cette cible pour cette zone.

5. *Les zones non rattachables à une cible* sont abandonnées. Le territoire est donc réduit

6. *La liste des cibles est réactualisée* en fonction du territoire de recherche restant.

7. *On choisit les nouveaux objets* à rechercher par la campagne suivante parmi ceux qui sont communs à toutes les cibles restantes.

8. *On choisit la méthode à mettre en œuvre* pour rechercher ces objets sur le territoire réduit.

L'élimination des cibles est un processus d'appoint pour *l'objectif principal qui est la réduction du territoire*. Le nombre de cibles étant toujours assez limité, le nouveau territoire propice aux cibles restantes est assez facile à choisir.

La non-découverte d'un gisement pourtant présent étant rarement détectée, *le savoir-faire en prospection peine à se construire en tirant parti des échecs subis*. Les interprétations en *métallogénie* s'efforcent néanmoins de pallier ce handicap comme nous allons le voir ci-dessous.

La pratique de la métallogénie

La *métallogénie* est une discipline bâtie sur mesure pour la prospection minière. Elle décrit l'environnement géologique des minéralisations et suggère des guides de prospection à toutes les échelles. Elle s'efforce d'interpréter une concentration minérale comme le résultat d'une succession de cycles de type : *préconcentration, remobilisation, piégeage*. Ainsi, la *remobilisation* d'une minéralisation *préconcentrée* à l'échelle kilométrique pourra être à l'origine d'une concentration par *piégeage* à l'échelle de quelques mètres.

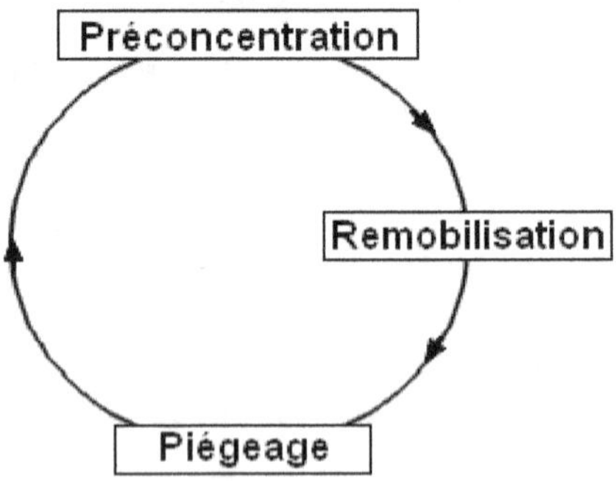

Figure 17: Préconcentration, remobilisation, piégeage

Les cycles « préconcentration, remobilisation, piégeage » emboîtés fournissent une succession d'objets géologiques de taille décroissante nécessaires au regard des cibles. A chacun de ces objets sont associés des modèles et des méthodes adaptés à chaque campagne. On recherchera successivement des formations géologiques préconcentrées, des traces de remobilisation (surfaces d'altération, batholites, épisodes de métamorphisme, etc…) et des pièges (accidents tectoniques, formations poreuses, des karsts, etc.).

La *préconcentration* est souvent l'élément déclencheur de la prospection car il s'agit d'un phénomène géologique de grande ampleur. Un gisement latéritique de nickel, de manganèse ou de bauxite se développe sur une roche mère pré-enrichie. Les gisements d'uranium sont toujours liés directement ou indirectement à des cratons archéens. Le piégeage par un cycle sera la préconcentration du cycle suivant. Les préconcentrations secondaires sont plus discrètes et sont recherchées localement : cartographie de nappes de charriage en nickel latéritique, identification de surfaces d'altération en bauxite tropicale, recherche de batholites granitiques en uranium, etc…

La *remobilisation* des métaux par des fluides circulant dans le sol et le sous-sol explique la genèse de beaucoup de gisements. Citons quelques fluides mobilisateurs :

- Les *eaux météoritiques* qui percolent dans les sédiments ou dans les sols, altèrent les formations géologiques et lessivent les minéraux contenus surtout en climat tropical. Elles sont d'autant plus agressives qu'elles sont chaudes, acides et oxydantes.
- Les *eaux expulsées à la diagénèse* qui sont de compositions variées et souvent assez chaudes.
- Les *circulations épigénétiques profondes* qui traversent des milieux géochimiques différents et engendrent des dissolutions et précipitations sélectives.
- Les *circulations hydrothermales* en liaison avec le métamorphisme ou à l'apex d'un point chaud tel qu'un batholite.

Les interprétations des remobilisations sont souvent controversées. Pour un même gisement, certains imagineront une remobilisation par des eaux superficielles à partir d'une surface d'altération tropicale, d'autres imagineront une remobilisation par des fluides profonds liés à la montée d'un batholite granitique. Or, les surfaces d'altération et les batholites coexistent souvent au même endroit à des époques différentes et les deux remobilisations peuvent parfaitement s'être conjuguées.

Le *piégeage* est en général plus facile à interpréter car la minéralisation est directement associée au piège. Citons quelques pièges impliqués dans la genèse des gisements :

- Les *pièges géométriques* sont des espaces libres dans lesquels circulent et précipitent les minéraux dissous dans les fluides minéralisateurs. Il peut s'agir de failles coulissantes, de cavités karstiques, d'espaces intergranulaires au sein desquels percolent les fluides : zones broyées, grès, latérites, d'épi-syénites, etc...

- Les *pièges géochimiques* résultent de l'interaction entre un encaissant géologique et un fluide circulant pourvus de propriétés chimiques contrastées. Il peut s'agir d'eaux superficielles oxydantes réagissant avec un sous-sol réducteur riche en matière organique ou d'eau acides chargées en minéraux dissous entrant dans un karst calcaire.
- Les *pièges biochimiques* souvent associés à des minéralisations sulfurées. En réduisant les sulfates, des bactéries précipitent des sulfures.
- Le *piégeage climatique* se manifestent surtout sous des climats tropicaux humides. Les battements de nappe dus à l'alternance des saisons engendrent des concentrations par concrétionnement.

✦ Le progrès des connaissances

Les objets recherchés sont communs à toutes les cibles connues et peut-être aussi à des cibles encore inconnues. Ainsi, une même préconcentration peut engendrer un gisement de type connu mais aussi un nouveau type de gisement que, parfois, on *découvre presque fortuitement*. Le « presque » a son importance car, en général, une cible inconnue se manifeste fortuitement dans des zones où le prospecteur a été guidé par une autre cible.

Mais, souvent, un nouveau type de gisement *passe inaperçu* et met en échec la prospection. C'est alors la double peine. Non seulement, nous avons manqué une découverte, mais en plus, nous ne pouvons améliorer notre savoir-faire puisque nous n'avons pas conscience de notre échec. C'est le *handicap majeur* de toute stratégie de recherche.

Tout prospecteur est conscient du handicap que représente l'obligation de ne rechercher que des gisements d'un type déjà rencontré. Il pousse donc parfois la reconnaissance un peu au-delà de ce que lui imposerait une convergence stricte suivant les guides géologiques dont il dispose. De plus, il étudie de près tout *indice minéralisé* pour le cas où, malgré sa faible extension, il pourrait lui inspirer une nouvelle cible. C'est le but de la *prospection géologique*.

Pour pallier les lacunes d'un savoir trop cantonné aux gisements exploités et pour renouveler les cibles de prospection, la métallogénie prend de nouvelles orientations :

- *Elle étudie toutes les concentrations* y compris celles qui sont clairement inexploitables.
- *Elle s'intéresse plus aux processus de concentration qu'à la concentration elle-même*. Les processus sont classables scientifiquement et se combinent dans des modèles théoriques.
- *Elle prône le partage des expériences* acquises sur des substances différentes. La latéritisation engendre des gisements de bauxite, de fer, de

nickel, de manganèse. Les batholites granitiques concentrent le cuivre, le molybdène, l'uranium, etc. On trouve un grand nombre de métaux dans des pièges filoniens.

Les tactiques de prospection

En fonction de l'échelle et des cibles restant en lice, les campagnes de prospection font appel à différentes tactiques :

- Une *campagne de prospection systématique* est exclusivement dédiée à la réduction géographique d'un territoire. Ce territoire est reconnu selon une maille régulière car seules sont comparables des zones informées de façon homogène. La prospection systématique couvre toutes les échelles de la grande reconnaissance au développement par sondages.
- Une *campagne de prospection géologique* vise à actualiser la liste des cibles. L'information, implantée préférentiellement en fonction des cibles à tester, n'est pas utilisable pour réduire le territoire.
- La *prospection d'indice* relève de la prospection géologique. Elle étudie des *indices minéralisés* pour caractériser leur liaison avec leur environnement géologique immédiat et ainsi d'étoffer la liste souvent très lacunaire des types de concentrations ciblées.
- Une *campagne de prospection directe* détecte directement la présence du métal recherché dans le contexte géologique via des techniques telles que la radiométrie au sol ou aéroportée, l'émanométrie, la géochimie au sol ou en sondages, etc.
- Une *campagne de prospection indirecte* détecte des objets géologiques nécessaires à la présence d'une minéralisation répondant aux objectifs. On fera, par exemple, de la cartographie de surface, de la géophysique, etc.
- Le *développement de gisement* accroit la connaissance de concentrations déjà découvertes par des grilles de sondage à maille décroissante en vue d'un éventuel projet d'exploitation. Les données collectées sont traitées par des méthodes d'estimation (Voir : Chapitre 6 - L'ESTIMATION).

Le choix de la technique de reconnaissance dépend non seulement du type de campagne mais aussi des conditions locales d'accès au terrain. On ne travaille pas de la même façon en forêt, en désert, en montagne, en zone peuplée, en pays froid, etc.

Les *techniques de télédétection aériennes et spatiales* ont pris aujourd'hui une importance considérable en prospection. Elles fournissent des informations de surface : photographie en lumière naturelle et infrarouge (zones humides), images radar, laser, etc... Ces données permettent de reconstituer la topographie au sol (restitutions stéréoscopiques) et la géologie à l'affleurement (photogéologie). Le prospecteur les utilise pour préparer les reconnaissances au sol. La télédétection permet également d'acquérir des informations sur le sous-sol un peu plus profond : radiométrie, lasers, radars, gravimétrie, etc...

Les *techniques de prospection au sol* sont les plus emblématiques pour l'image du prospecteur « homme de terrain ». Il y a d'abord la cartographique géologique qui dépend fortement des conditions d'affleurement afférentes au climat. En forêt équatoriale, on lève exclusivement les cours d'eau car la roche fraiche n'affleure pas ailleurs en raison d'une altération intense. En zone sahélienne ou désertique, on prépare des coupes régulières perpendiculaires aux structures géologiques. En zone tempérée, on repère à l'avance les affleurements sur photos aériennes ou satellitaires. Selon les cas, la cartographie géologique peut s'accompagner de mesures radiométriques, de prélèvements géochimiques du sol ou sur alluvions et, dans certains cas, de batées. Citons également, toutes les techniques relevant de la géophysique terrestre : sismique, électrique, gravimétrie.

Concernant les *reconnaissances en profondeur*, il existe plusieurs techniques présentant des coûts de la reconnaissance et apportant des qualités d'information très inégales. Ces techniques sont mises en œuvre lors des dernières campagnes sur des cibles géométriquement définies :

- Les *excavations par tranchées, puits et galeries* coutent très cher mais offrent un accès direct à la minéralisation in-situ et à son environnement. En revanche, le prélèvement d'échantillons par rainurage est une technique délicate.
- Les *extractions par battage, godets, tarière* ont un coût faible mais fournissent une information médiocre en raison de la pollution par les niveaux sus-jacents. De plus, la profondeur d'investigation est limitée.
- Les *sondages destructifs* récupèrent les « cuttings » entraînés par le fluide de foration (air, eau, boue). Le coût est faible et l'information médiocre (analyse sur cuttings mal localisés). La profondeur d'investigation dépend du fluide utilisé : 20 à 30m pour une foration à l'air en circulation inversée, plusieurs centaines de mètres pour des sondages à la boue.
- Les *sondages carottés* fournissent une information complète sur les terrains traversés. Mais, ils sont très coûteux. On peut utiliser la technique du carottage à câble avec tube extracteur ou consentir à remonter tout le train de tige avant d'extraire la carotte.
- Les *diagraphies* complètent l'information en sondages. Une sonde descendue dans le sondage analyse une grandeur physique : radiométrie, densité/neutron, résistivité, polarisation spontanée, activation neutronique, déviation, photographie des parements, etc… Par ailleurs, le sondage s'accompagne souvent d'un *enregistrement des paramètres en cours de foration* qui apportent une information utile sur les caractéristiques géomécaniques des terrains traversés.

Chapitre 5. LA DECISION

Une *méthode de décision* permet de *choisir sur modèle* le meilleur traitement pour répondre à divers objectifs : soigner un patient, exploiter un gisement, réaliser un aménagement, réhabiliter un terrain, etc... Ce traitement sera appliqué à tous les objets particuliers rattachés à ce modèle. Ce chapitre concerne la recherche de *méthodes d'aide à la décision* en présence d'incertitude :

- Il ne couvre pas la *mise en œuvre* par le praticien du traitement choisi pour un objet rattaché à un modèle.
- Il ne couvre pas la *recherche technologique* dédiée à l'élaboration des traitements.
- Il couvre exclusivement les opérations visant à *optimiser le choix des traitements*.

Souvent, la décision aboutit non à un traitement unique mais à plusieurs traitements optimisés sur des sous-ensembles du modèle conditionnés par une propriété variable ou par coupure sur une variable numérique. Ainsi, le traitement d'une maladie pourra être conditionné la présence ou l'absence d'antécédents cardiaques chez les patients. De même, le traitement d'un bloc de minerai pourra être conditionné pas son appartenance à un intervalle de coupure sur une variable numérique. Ce *conditionnement* qui transforme le modèle en un outil *d'aide à la décision* est le sujet central de ce chapitre.

5.1 La valorisation par expérimentation

L'expérimentation des traitements

L'expérimentation physique de traitements sur un *banc d'essai* formé par les objets d'un modèle est la *mère de toutes les pratiques*. Or, l'expérimentation physique implique de travailler sur des *objets bien individualisés*. L'espace terrestre continu nous offrant peu d'objets de ce type, nous allons donc encore une fois prendre un *exemple médical*. Cet exemple sera simplifié à l'extrême en espérant que les lecteurs ayant des connaissances médicales ne se formaliseront pas de son caractère irréaliste.

Le traitement des patients souffrant d'une maladie diagnostiquée est optimisé sur un *modèle formé de patients* ayant souffert de cette même maladie. Imaginons que 3 traitements soient envisagés pour traiter cette maladie : A, B, C. Parmi ces 3 traitements, il y a un traitement de référence qui sera soit un placébo s'il n'existe pas encore de traitement, soit le meilleur traitement existant dans le cas contraire. Imaginons que chaque traitement engendre 7 effets possibles sur les patients. Après traitement, nous observerons donc 7 effets pour chacun des 3 traitements soit 21 effets en tout.

Chaque effet se voit attribuer une *valeur* et une *fréquence d'apparition* au sein du modèle (Voir schéma ci-dessous). Les valeurs de 1 à 3 sont négatives. Les valeurs de 5 à 7 sont positives. L'attribution arbitraire d'une valeur aux effets peut poser des problèmes d'éthique, mais, elle est nécessaire pour faire un choix.

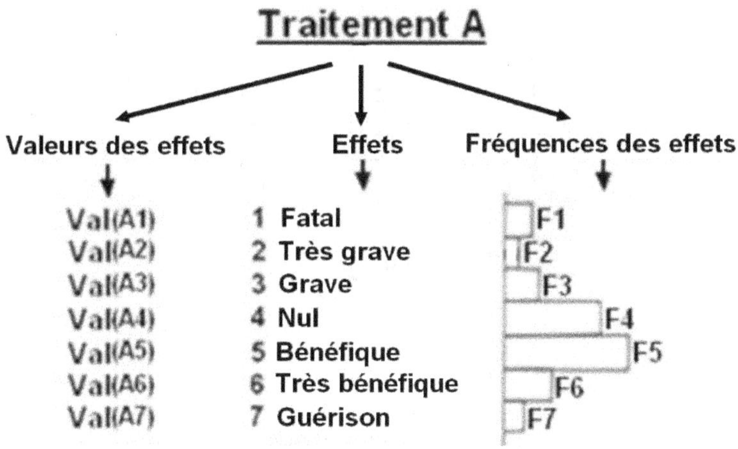

Figure 18 : Résultats du traitement A

A partir de ces données expérimentales, on calcule la valeur moyenne pour chacun des traitements testés :

$$Val(A)=F1.Val(A1)+F2.Val(A2)+F3.Val(A3)+F4.Val(A4)+F5.Val(A5)+F6.Val(A6)+F7.Val(A7)$$

$$Val(B)=F1.Val(B1)+F2.Val(B2)+F3.Val(B3)+F4.Val(B4)+F5.Val(B5)+F6.Val(B6)+F7.Val(B7)$$

$$Val(C)=F1.Val(C1)+F2.Val(C2)+F3.Val(C3)+F4.Val(C4)+F5.Val(C5)+F6.Val(C6)+F7.Val(C7)$$

Si la valeur Val(A) est supérieure à Val(B) et Val(C), c'est le traitement A qui est retenu. Il sera désormais prescrit à tous les nouveaux patients sur lesquels la maladie aura été diagnostiquée.

La distribution des fréquences des effets d'un traitement sur la population « modèle » peut à tout moment être réfutée. Ainsi, une résistance nouvelle aux antibiotiques pourrait dégrader les performances d'un médicament. Mais, nous serons toujours impuissants face à l'incertitude sur le modèle, c'est-à-dire sur le savoir existant.

Le conditionnement par une propriété

Le traitement A optimal s'est révélé statistiquement plus efficace que les autres. Mais, le décès du patient reste possible soit du fait de la maladie, soit du fait du traitement. L'expérimentation sur modèle pourrait montrer que certains patients profitent mieux d'un traitement que d'autres. Ainsi, sur la figure ci-dessous, on constate que le traitement A est contre-indiqué aux *patients ayant des antécédents cardiaques* alors qu'il est efficace et sans risque pour les autres.

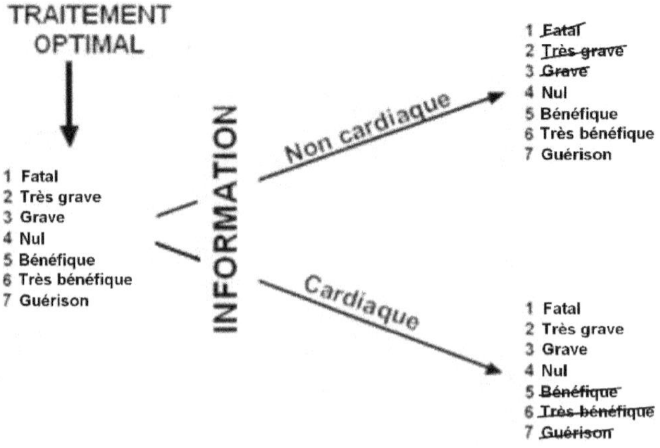

Figure 19 : Amélioration par conditionnement

La méthode est manifestement améliorable en combinant deux traitements. Le premier serait réservé aux patients n'ayant pas d'antécédents cardiaques. Le second serait réservé aux patients ayant des antécédents cardiaques. Le *panachage entre deux traitements* destinés à deux sous-populations différentes est une méthode à part entière qui est valorisée en tant que telle. Cette méthode composite accroit la valeur globale calculée sur le modèle. Le *conditionnement par une propriété* est une technique très générale d'amélioration des méthodes.

Le conditionnement par une propriété fait suite à la scission de la population modèle en deux sous-populations pourvues de distributions différentes : les *distributions conditionnelles.* Sur la figure ci-dessous, nous avons représenté l'histogramme des fréquences de la *distribution conditionnelle* pour le traitement A des patients sans antécédent cardiaque. Autrement dit, il s'agit de la distribution des effets du traitement A sur des patients *sachant que* ces patients n'ont jamais développé d'antécédent cardiaque.

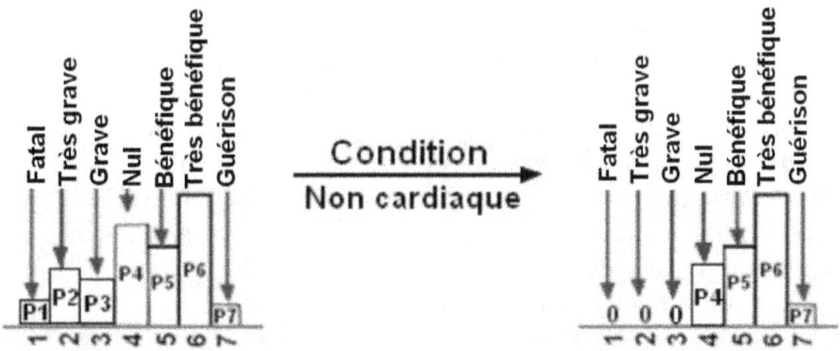

Figure 20 : Transformation d'une distribution par une condition

Le conditionnement peut aussi être défini par coupure sur une variable numérique. On pourrait ainsi développer un traitement spécifique pour des patients ayant moins de 15 ans. L'âge du patient est alors une *variable informante* et la coupure sur cette variable est de 15 ans. Le conditionnement par coupure est plus complexe à gérer que le conditionnement par une propriété car il faut optimiser la coupure. Le conditionnement par coupure est très courant en Gestion des Ressources de l'espace terrestre.

Chaque sous-ensemble conditionné est constitué des objets du modèle pourvus pour l'un et dépourvus pour l'autre d'une *propriété variable observable* avant d'agir. Mais, un sous-ensemble conditionné n'est un modèle pour 4 raisons :

1. Il ne répond pas à une définition naturelle
2. Il n'induit pas d'autres propriétés communes prédictibles.
3. Il n'englobe pas une classe supportant une interprétation.
4. Il est uniquement justifié par les traitements existants.

L'intérêt du conditionnement avait déjà été soulevé pour les stratégies de prospection. Le but était alors de réduire le territoire prospecté sur présomption défavorable au regard des cibles visées. Cette présomption découlait d'un conditionnement défavorable du modèle géologique par une propriété observée.

Le *conditionnement transforme des modèles a priori figés en des outils dynamiques permettant de sélectionner des objets en vue de leur traitement.* Dans ce qui suit, le terme de *traitement* désignera le procédé associé à un *modèle conditionné.* Le terme de méthode sera réservé à la manière d'affecter tel ou tel traitement à tel ou tel sous-ensemble du modèle.

✦ **La valeur d'une méthode**

Le terme de valeur est probablement choquant pour un médecin. Il a des connotations financières dans un contexte où des vies humaines sont en jeu. En pratique des sciences de la terre, l'éthique a moins d'importance qu'en médecine mais des vies humaines sont aussi en jeu : catastrophes naturelles, accidents miniers, atteintes à l'environnement. En fait, dans les deux cas, la finance joue un rôle non négligeable même si on peut le regretter.

Par ailleurs, la valeur peut traduire un degré de satisfaction sur un effet produit sans avoir une définition financière. Ainsi, un médecin pourra considérer que la valeur de son action se mesure au nombre de patients guéris. La valeur est alors une variable, dite *en tout ou rien,* égale à 1 si le patient est guéri et à 0 sinon. La moyenne de la valeur ainsi définie est bien égale à la proportion de patients guéris. On peut donc maximiser une valeur sans faire intervenir de considérations financières.

En cas de *conditionnement du modèle*, la meilleure méthode est celle maximise en moyenne la valeur du panachage des traitements affectés aux malades. Le médecin décide implicitement sur le modèle auquel il a rattaché son patient. Il lui applique la méthode optimisée sur le modèle conditionné. Le conditionnement du traitement à certaines particularités du patient fait partie intégrante de la méthode. Avec ou sans conditionnement, la décision du médecin aboutit à soigner le patient indirectement via l'optimisation des statistiques médicales sur modèle.

✦ **Représentativité et pénurie de données**

Un même patient ne peut subir seul tous les traitements à tester. L'expérimentation physique doit donc être menée sur des *échantillons représentatifs* de l'ensemble des patients souffrant de la maladie. Un échantillon est représentatif si une méthode appliquée à cet échantillon engendre des effets reproduisant statistiquement ceux qui seraient observés sur toute la population. Pour définir des échantillons représentatifs, on a recours à des *méthodes d'échantillonnage*.

Quelle que soit la *méthode d'échantillonnage* utilisée, une bonne représentativité requiert toujours *beaucoup de données*. Le besoin de données est accru si le modèle est découpé en sous-ensembles conditionnés par des propriétés. L'expérimentation est donc souvent entravée par une *pénurie d'objets* dans le modèle. En recherche médicale, le problème de la représentativité est également compliqué par l'éthique qui impose de ne pas risquer la vie de cobayes humains. Heureusement, nous pouvons maintenant *abandonner notre exemple médical* qui n'a plus d'intérêt pour la suite.

En pratique des sciences de la terre, l'expérimentation physique des méthodes est impossible. Seul l'enrichissement des minerais en vrac fait appel à l'expérimentation physique sur échantillons. Mais cette pratique prend place dans une usine et non dans l'espace terrestre. Dans l'espace terrestre, la recherche méthodologique va plutôt recourir à des valorisations par calcul.

5.2 La valorisation par une fonction

Le calcul de la valeur d'un objet

Pour pallier les difficultés entravant l'expérimentation physique, nous ferons l'hypothèse que la valeur d'un traitement sur un objet connu peut être calculée à partir de grandeurs numériques mesurées sur cet objet : la valeur d'un arbre en fonction de ses dimensions, la valeur d'un bloc de minerai en fonction de sa teneur, la valeur d'un poisson en fonction de sa taille, l'impact d'une inondation en fonction du cumul de pluie, etc...

Le calcul de la valeur d'un couple (Objet, traitement) se décompose en deux étapes :

- *Etape 1* : Le *calcul des effets* du traitement à partir de mesures caractérisant parfaitement l'état de l'objet avant traitement.
- *Etape 2* : Le *calcul de la valeur* à partir de ces effets. La valeur sera, par exemple, égale au prix de vente de l'objet diminué du coût de mise en œuvre du traitement.

En regroupant ces deux étapes, on attribue à chaque méthode une *fonction de valorisation* (Voir figure ci-dessous) qui permet de calculer la valeur d'un traitement sur un objet dont l'état initial est connu.

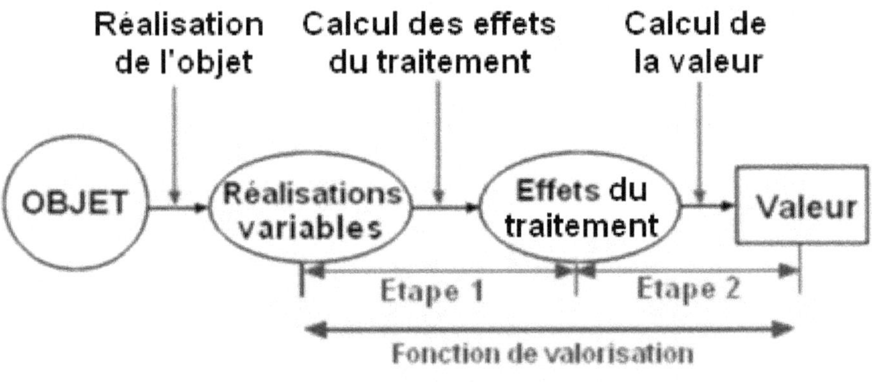

Figure 21 : Fonction de valorisation

La valeur ajoutée d'un traitement est donc calculable sans incertitude sur un objet dont l'état initial est connu. L'incertitude est donc uniquement due à la *dispersion des états initiaux possibles*. Un modèle commun simulant l'incertitude des états initiaux suffit donc pour tester tous les traitements possibles et optimiser une méthode.

La *fonction de valorisation* propre à chaque traitement est ajustée expérimentalement sur des objets connus. Elle peut être entachée d'une certaine imprécision. Mais, si cette imprécision est négligeable par rapport à l'incertitude sur les états initiaux, le choix du traitement ne sera pas faussé.

Le recours à une fonction de valorisation n'est pas généralisable à tous les cas. Ainsi, on n'imagine pas de calculer les effets du traitement d'une maladie à partir de données chiffrées sur un patient. En revanche, on peut imaginer de calculer la valeur d'un bloc de minerai de teneur connue au regard de plusieurs traitements.

Modèle et variable aléatoire

Tout objet est décrit par des propriétés (Symptôme d'une maladie, signes précurseurs, présence d'un type d'objet, etc..), mais aussi, par des mesures physiques (Température, teneur, taille, humidité, etc..). Ces mesures sont les *réalisations* de *variables aléatoires* portées par les objets d'un modèle. Malgré le terme « aléatoire » tiré du jargon probabiliste, la distribution d'une variable aléatoire n'est rien d'autre que la distribution des fréquences de ses *réalisations* au sein d'un modèle.

Les paramètres d'une Variable Aléatoire

La *distribution de probabilités* d'une *Variable Aléatoire* est décrite par des paramètres dont les plus connus sont la *moyenne* et la *variance*.

La *moyenne* est la somme des réalisations d'une Variable Aléatoire divisée par leur nombre.

La *variance* est la moyenne des écarts quadratiques (=écarts au carré) à la moyenne. L'*écart-type* est égal à la racine carrée de la variance.

Par définition, la moyenne des écarts quadratiques entre les réalisations et leur *barycentre* est minimale. Ce *barycentre* est toujours égal à la moyenne. C'est sur cette propriété dite « *des moindres carrés* » que sont fondées les méthodes d'estimation.

Démonstration : R est le barycentre qui minimise l'écart quadratique D

$D = \text{Moyenne}\ (x_i - R)^2$

$D = \text{Moyenne}\ (x_i^2 + R^2 - 2\ R.\ x_i)$

$D = \text{Moyenne}\ (x_i^2) + R^2 - 2\ R.\ \text{Moyenne}\ (x_i)$

La dérivée de D selon l'inconnue R doit être nulle.

$D' = 2.\ R - 2.\ \text{Moyenne}\ (x_i)$

$D' = 0 \Rightarrow R = \text{Moyenne}\ (x_i)$

La distribution d'une variable aléatoire continue est représentée sous la forme d'un *histogramme* en reportant en abscisse la plage de variation de la variable aléatoire découpée en intervalles réguliers et en ordonnée, les fréquences d'objets dans ces intervalles. On utilise aussi des distributions cumulées ce qui évite de fixer arbitrairement la taille des intervalles. Mais, l'histogramme est beaucoup plus parlant car il ressemble à une distribution sur des gammes de propriétés. Ce mode de représentation sera donc souvent utilisé dans nos schémas.

La *fonction de valorisation* afférente à chaque traitement permet d'attribuer une valeur à chaque réalisation de la variable aléatoire et de calculer la valeur moyenne sur le modèle. La meilleure méthode est celle qui maximise cette valeur moyenne. On procède de même quand les valeurs par objet sont des fonctions de plusieurs variables.

Hypothèses simplificatrices

Ces calculs seraient rendus encore plus commodes si, au lieu d'appliquer la *fonction de valorisation* à chaque objet et de faire la moyenne des valeurs obtenues, on pouvait appliquer cette fonction de valorisation directement aux moyennes des variables aléatoires. Or, pour intervertir les opérateurs valeur et moyenne, c'est-à-dire pour que *Valeur (Moyenne (X)) = Moyenne (Valeur(X))*, il faut remplir deux conditions. Il faut que la *variable X soit additive* pour que sa moyenne de X ait un sens. Il faut également que la *fonction de valorisation soit linéaire*.

Une *variable aléatoire est additive* si la somme et la moyenne de ses réalisations ont sens. Les variables utilisées en sciences de la terre sont rarement additives directement : teneurs, granulométries, blancheurs, etc... Mais, la plupart sont rendues additives par des corrections. Par exemple, on rendra une teneur additive en la pondérant par la masse des objets. Ces corrections sont très simples mais leur oubli engendre souvent des erreurs. Parfois, le praticien acceptera des entorses à l'additivité en vérifiant a posteriori qu'elles n'auront pas d'impact sur ses choix.

La *fonction de valorisation est linéaire* quand la valeur d'un objet peut être calculée en fonction d'une variable aléatoire X par une formule linéaire du type : *Valeur (X) = Prix x X – Coût.*

Associée à l'additivité, la linéarité fait que la moyenne des valeurs est égale à la valeur de la moyenne de la variable :

Moy (Valeur(X)) = Moy (Prix x X - Coût)
Moy (Valeur(X)) = Prix x Moy(X) - Coût
Moy (Valeur(X)) = Valeur (Moy (X)).

Nous ferons l'hypothèse que ces deux conditions sont toujours réunies. Cette hypothèse semble bien superflue au stade où nous en sommes, mais, elle va vite s'avérer incontournable quand nous allons aborder des problèmes plus compliqués afférents au conditionnement.

<u>L’hypothèse en recherche méthodologique</u>

En recherche méthodologique, on ne cherche pas à savoir *a priori* si une hypothèse est acceptable ou non : *on fait « comme si »* elle l’était pour concevoir une méthode. Si après expérimentation dans le monde réel, cette méthode ne s’avère pas satisfaisante, les hypothèses sur lesquelles elle se fondent sont rejetées. Le chercheur imagine alors d’autres méthodes fondées sur de nouvelles hypothèses.

Toute recherche méthodologique repose donc sur la *validation a posteriori* des méthodes d’abord sur le modèle, ensuite à l’usage pour se prémunir contre les fragilités de l’induction. La *validation a posteriori* est trop souvent négligée en *Gestion des Ressources*.

5.3 La sélection d'objets mal connus

Le conditionnement par coupure

La variable aléatoire à laquelle on applique la *fonction de valorisation* sera baptisée *variable valorisante.* Si *la variable valorisante est connue* sur un objet, les valeurs de cet objet pour différents traitements seront également parfaitement connues. L'objet sera donc affecté sans incertitude au meilleur traitement. Pour éviter de calculer la valeur de chaque objet, on peut accessoirement définir des *intervalles de coupure* sur la variable valorisante. Le traitement de chaque objet est alors déterminé par son appartenance à un intervalle. Les résultats des décisions étant certains, ce cas ne nous concerne pas.

Si *la variable valorisante est inconnue* sur un objet, nous rattacherons cet objet à un *modèle représentatif formé d'objets sur lesquels elle est connue*. Le traitement appliqué à l'objet sera alors celui qui a maximisé la valeur moyenne calculée sur ce modèle. Le *traitement sera donc le même* pour tous les objets rattachés à un même modèle. Ce type de modèle ne permet pas d'appliquer un traitement spécifique à chaque objet. Ainsi, *sur une mine*, l'exploitant serait contraint d'appliquer sans la moindre sélection le même traitement à tout le volume extrait.

Or, en général, il est nécessaire d'individualiser le traitement des objets bien qu'il soit financièrement rédhibitoire de mesurer la *variable valorisante* sur chacun d'entre eux. Ainsi, *sur une mine*, il serait trop couteux d'analyser la teneur de chaque bloc extrait pour l'affecter à un traitement et on a besoin de sélectionner les minerais selon leurs teneurs.

Pour bien décider à moindre coût, on attribue donc à chaque traitement un intervalle de coupure sur une *variable informante* corrélée avec la *variable valorisante* mais moins coûteuse ou plus facile à mesurer. La corrélation entre deux variables traduit statistiquement leur tendance à varier ensemble sur un *modèle composé d'objets connus pour ces deux variables*. In fine, on adoptera le panachage des traitements et des intervalles associés qui maximisent la valeur globale sur le modèle.

Ainsi, *sur une mine d'uranium*, on pourrait optimiser sur un modèle l'affectation les blocs extraits à tel ou tel traitement en fonction de leurs radioactivités :

- Les *plus radioactifs* iraient à l'*usine* avec un bon taux de récupération et des coûts opératoires élevés,
- Les *moins radioactifs* iraient sur un *tas de lixiviation* avec un mauvais taux de récupération et des coûts opératoires faibles,
- Les *peu radioactifs* seraient envoyés sur la *verse à stérile*.

Sur le modèle de blocs connus en radioactivité et en teneur, on définira trois intervalles par *deux coupures sur la radioactivité*. La valeur globale du modèle sera obtenue en sommant les *valeurs calculées sur les teneurs des intervalles*. Par tâtonnement sur le jeu coupures, on optimisera la sélection.

Le *conditionnement par coupure* sur une *variable informante* est analogue au *conditionnement par une propriété* informante. Il se justifie toutes les fois qu'en déclinant plusieurs traitements sur des sous-ensembles du modèle, on accroit la valeur obtenue par un traitement unique. Il est plus complexe que le *conditionnement par une propriété* car il faut optimiser le jeu des coupures conditionnant l'affectation des objets aux traitements.

La sélection sur une variable informante sera *dégradée par des erreurs de sélection* et sa valeur sera plus faible celle d'une sélection parfaite sur la variable valorisante : *l'information a un prix mais l'erreur a un coût.*

Le traitement de boulders à uranium

Cet exemple est librement inspiré d'un cas réel. Il s'agit d'un gisement formé de *boulders à uranium* que nous souhaitons sélectionner pour les envoyer ou non à une usine traitement existante. Les boulders étant ramassés à même le sol et l'usine existant, nous ne nous préoccuperons ni des coûts d'accès, ni du choix d'un traitement. La *fonction de valorisation* sera donc simple, connue et exprimée sur une *variable valorisante unique* : la teneur en uranium. Avec seulement deux destinations, l'usine et la verse à stérile, *nous n'optimiserons qu'une seule coupure* (Voir figure ci-dessous).

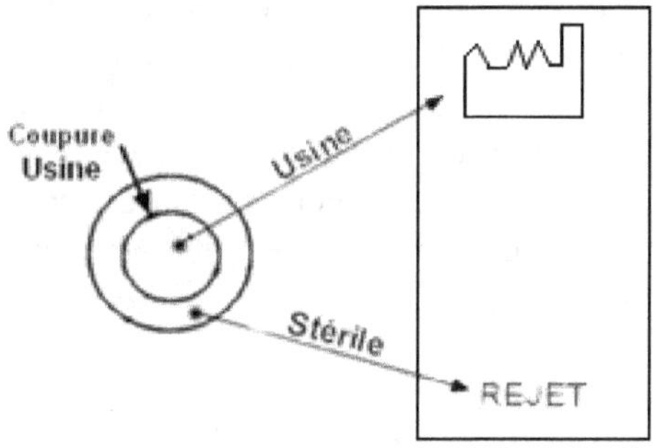

Figure 22 : Infrastructure industrielle

De plus, nous admettrons que le taux de récupération de l'uranium en usine est de 100%, et que le rejet au stérile se fait sans coût opératoire, c'est-à-dire à valeur nulle.

Si la teneur en uranium de chaque boulder pouvait être analysée systématiquement, la valeur d'un boulder (i) envoyé à l'usine serait calculée par une *fonction de valorisation linéaire* intégrant une *correction d'additivité* par la masse :

$$Valeur(i) = Pu \times Masse(i) \times Teneur(i) - Cu \times Masse(i)$$

Où : *Valeur(i)* = Valeur du boulder (i) traité en usine
Masse(i) = Masse du boulder (i)
Pu = prix d'une tonne d'uranium
Cu = coût du traitement d'une tonne de boulder

En mettant *Pu* en facteur, la valeur du boulder devient :

Valeur(i) = Pu x Masse(i) x [Teneur(i) – Cu/Pu]

Cette formulation fait apparaitre une *teneur de coupure économique* égale à *Cu/Pu.* Tout boulder de teneur supérieure à cette coupure sera envoyé à l'usine car sa valeur est positive. Tout boulder de teneur inférieure à cette coupure sera rejeté au stérile car sa valeur est nulle. Le gros problème est qu'il est financièrement rédhibitoire d'analyser la teneur en uranium de chaque boulder prélevé.

Ne disposant pas de la teneur en uranium de chaque boulder en routine, nous ne pourrons pas sélectionner les boulders sur leur valeur calculée. Tout ce que nous pourrons faire, c'est d'analyser la teneur d'un échantillon représentatif de boulders et de le prendre en *modèle.* La teneur moyenne en uranium calculée sur ce *modèle* est censée estimer correctement la teneur moyenne du gisement. En appliquant la *fonction de valorisation* à cette moyenne, nous calculerons la valeur cumulée des boulders :

Valeur = *Pu* x *Masse* x *Teneur* – *Cu* x *Masse*

Où : *Valeur* = Valeur des boulders
Masse = Masse des boulders
Teneur = Teneur moyenne des boulders
Pu = prix d'une tonne d'uranium
Cu = coût du traitement d'une tonne de boulder

Si cette valeur est négative aucun boulder ne sera prélevé alors que certains ont peut-être une valeur positive. Si cette valeur est positive, tous les boulders seront prélevés alors que certains ont peut-être une valeur négative. Dans les deux cas, notre *incapacité à différencier les boulders engendrera une perte de valeur.*

Pour réduire cette perte de valeur, nous allons donc rechercher une *variable informante* « bon marché » qui pourrait remplacer la teneur en uranium pour sélectionner les boulders. Cette variable sera suggérée par l'*interprétation géologique* du gisement. Les boulders sont disséminés sur quelques mètres de hauteur dans le sol argileux d'une forêt équatoriale. Ils sont constitués d'une gangue de monazite poreuse enserrant des cristaux d'uraninite. La teneur en Uranium avant altération des boulders est très constante, environ 5%.

L'uranium est peu émetteur d'ondes gamma détectables sur le terrain contrairement à ses descendants issus de sa désintégration : 85% de la radioactivité est émise par un descendant assez lointain dans la famille de l'uranium, le bismuth 214. *La teneur en uranium est fortement corrélée à la radioactivité quand l'uranium est équilibré*, c'est-à-dire quand aucune réaction chimique n'est venue le séparer de ses descendants.

L'uranium est également beaucoup plus soluble en milieu oxydant que ses descendants. Un processus d'altération oxydant récent évacuera l'uranium très soluble tout en laissant persister la radioactivité issue de ses descendants moins solubles. L'uranium de nos boulders est donc probablement très déséquilibré en raison de l'intense altération tropicale et de la porosité de la gangue de monazite. Les petits boulders étant plus altérés à cœur que les gros, leur teneur sera plus affectée que celle des gros. *On peut donc s'attendre à ce que la teneur des boulders soit bien corrélée à leur taille.*

Cette interprétation nous inspire deux variables informantes pour trier les boulders :

- *La radioactivité* : En principe, plus un boulder est riche en uranium, plus il est radioactif. Mais, cette « corrélation » sera plus faible sur des boulders très déséquilibrés en raison d'une forte altération récente.
- *La taille* : En principe, la fraction périphérique altérée sera plus réduite sur un gros boulder que sur un petit. Un gros boulder sera donc plutôt plus riche qu'un petit. Mais, cette « corrélation » dépendra fortement de la variabilité des teneurs avant altération.

Ces variables informantes candidates doivent être testées et comparées sur un modèle formé d'objets *mesurés à la fois pour la teneur et ces deux variables informantes.*

La sélection des boulders par la radioactivité

Mettons provisoirement la taille de côté et imaginons que tous les boulders sont *informés en routine par leur radioactivité*. Nous disposons d'un modèle constitué par un échantillon représentatif de boulders. Chaque boulder du modèle est renseigné à la fois :

- Par sa *radioactivité* sur laquelle on pourra *tester des coupures*,
- Et par sa *teneur en uranium* sur laquelle on pourra *calculer la valeur* du traitement en usine via sa *fonction de valorisation*. Rappelons que la valeur d'un boulder rejeté est nulle.

Pour optimiser la coupure usine, nous allons simuler un grand nombre de variantes à différentes coupures sur le modèle, calculer la valeur du gisement pour chacune d'entre elles et adopter la coupure engendrant la valeur maximale. Chaque coupure sur la radioactivité nous livrera une *proportion de boulders sélectionnée* et sa *teneur moyenne*. La valeur du gisement dépend aussi de sa masse totale. Mais, cette dernière étant commune à toutes les variantes, elle n'influe pas sur le résultat de l'optimisation. On peut donc prendre n'importe quelle masse de référence.

La fraction rejetée au stérile ayant une valeur nulle, *la valeur de la fraction envoyée à l'usine mesure la valeur* du gisement de boulders. Pour chaque coupure sur la radioactivité la valeur globale du gisement après sélection est donc la suivante :

$$Valeur = Pu \times Masse \times \%Sel \times Teneur - Cu \times Masse \times \%Sel$$

Par commodité, nous écrirons : $Valeur = Pu \times Q - Cu \times T$

Où : *Valeur* = Valeur des boulders sélectionnés
T = Tonnage extrait = *Masse* x *%Sel*
Q = Tonnage uranium = *T* x *Teneur*
Masse = Masse totale des boulders
%Sel = Proportion des boulders sélectionnés
Teneur = Teneur moyenne des boulders sélectionnés
Pu = prix d'une tonne d'uranium
Cu = coût du traitement d'une tonne de boulder

Pu et *Cu* sont des constantes du traitement adopté. *Masse* est une constante du gisement qui n'influe pas sur l'optimisation de la coupure. *T le tonnage extrait* mesure ce qui coute et *Q le tonnage métal* mesure ce qui rapporte. Après plusieurs essais, nous retiendrons la coupure qui maximise la valeur ainsi calculée.

Couper sur la radioactivité au lieu de couper sur la teneur engendrera toujours des erreurs :

- *Pertes* : Boulders de valeur positive mais de radioactivité inférieure à la coupure rejetés à tort.
- *Pollutions* : Boulders de valeur négative mais de radioactivité inférieure à la coupure retenus à tort.

Contrairement à une coupure sur la teneur, la coupure sur la radioactivité ne répond à aucune définition économique. Ce n'est qu'un paramètre conçu pour conditionner des sous-ensembles du modèle valorisés *a posteriori*. Au final, la coupure retenue n'a de sens qu'au travers d'un modèle simulant l'incertitude. De même qu'on soigne un patient par référence à des statistiques médicales, *on ne peut décider sur un boulder isolé, c'est-à-dire déconnecté d'un modèle*. Depuis, le début de ce livre, nous savions déjà qu'il n'y a pas d'objet isolé dès lors qu'il est question d'incertitude.

⍏ <u>Le paramétrage de la sélection par coupure</u>

Faire varier le paramètre de coupure selon un pas régulier assez fin et calculer des valeurs à chacune de ces coupures est très fastidieux. Il existe une méthode plus commode pour décrire le modèle et optimiser la coupure.

Pour ce faire, nous allons raisonner sur les deux grandeurs, *T le tonnage extrait* qui mesure ce qui coute et *Q le tonnage métal* ce qui rapporte dans la formule de la valeur : $Valeur = Pu \times Q - Cu \times T$. La masse totale des boulders ne jouant aucun rôle dans l'optimisation, Q et T sont calculables sur modèle avec n'importe quelle masse de référence.

Nous allons utiliser la propriété suivante : *« Un ensemble de boulders de masse donnée ne peut maximiser une valeur s'il en existe un autre de même masse contenant plus d'uranium ».* Dans un repère avec T en abscisse et Q en ordonnée, *les courbes de couples les (Q, T) qui maximisent Q à T fixé porteront forcément les couples qui maximisent la valeur à T fixé.* Or, ces courbes peuvent être tracées de façon très commode en classant les boulders dans l'ordre décroissant des variables.

Nous commencerons par tracer une *courbe n°1* en classant les boulders dans l'*ordre décroissant de leurs teneurs* (variable valorisante) :

- Le *1er point* est donné par le 1^ier^ boulder. T est le tonnage de ce boulder et *Q* est le tonnage d'uranium contenu.
- Le *2ième point* est donné en ajoutant le 2ième boulder. T est le tonnage de ces 2 boulders et Q est le tonnage d'uranium contenu.
- Le *3ième point* est donné en ajoutant le 3ième boulder. T est le tonnage de ces 3 boulders et Q est le tonnage d'uranium contenu.
- Et, ainsi de suite.

La *courbe n°1* ainsi obtenue constitue une référence *« sans erreur de sélection ».* Elle est *croissante* puisqu'à chaque nouveau boulder nous ajoutons de l'uranium. Elle est également *convexe* puisque chaque nouveau boulder est plus pauvre que le précédent (Voir figure ci-dessous).

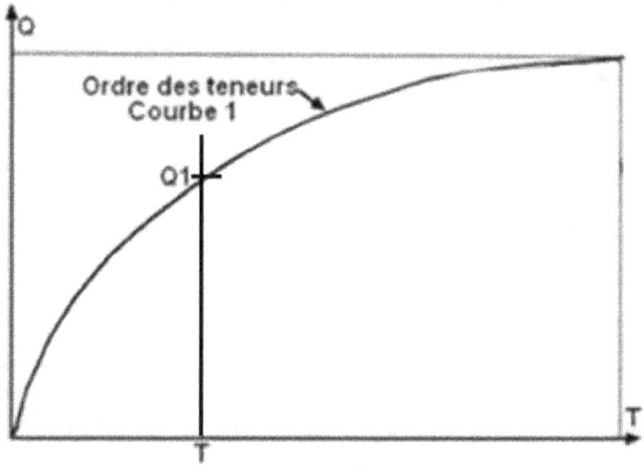

Figure 23 : Courbe Q/T sur teneur (variable valorisante)

Tous les points de cette courbe maximisent également la valeur à T fixé. La coupure affectée à chaque point de la courbe n°1 est la *teneur du dernier boulder ajouté.* En gros, ce procédé par classement applique une coupure potentiellement économique à chaque teneur de boulder.

Nous tracerons ensuite une *courbe n°2* en classant les boulders dans l'*ordre décroissant de leurs radioactivités* (variable informante) et en calculant les tonnages d'uranium Q à partir des teneurs connues sur les objets du modèle :

- Le *1er point* est donné par le 1^ier^ boulder. T est le tonnage de ce boulder et Q est le tonnage d'uranium contenu.
- Le *2ième point* est donné en ajoutant le 2ième boulder. T est le tonnage de ces 2 boulders et Q est le tonnage d'uranium contenu.

- Le 3ième point est donné en ajoutant le 3ième boulder. T est le tonnage de ces 3 boulders et Q est le tonnage d'uranium contenu.
- Et, ainsi de suite.

La *courbe n°2* ainsi obtenue est *croissante* puisqu'à chaque nouveau boulder nous ajoutons de l'uranium. Mais, elle n'est pas *convexe* puisque chaque nouveau boulder n'est pas forcément plus pauvre que le précédent en raison de divergences avec l'ordre de classement idéal des teneurs.

Sur la figure ci-dessous, nous voyons que la courbe n°2 construite sur la variable informante (radioactivités) est toujours située sous la courbe n°1 « sans erreur » construite sur la variable valorisante (teneurs). Les deux courbes se rejoignent à l'origine quand on ne sélectionne rien et à l'autre extrémité quand on sélectionne tout. Ce résultat est logique car, pour un tonnage T donné, une sélection « sans erreur » fournira toujours un tonnage Q1 d'uranium supérieur au tonnage Q2 fourni par une sélection imparfaite.

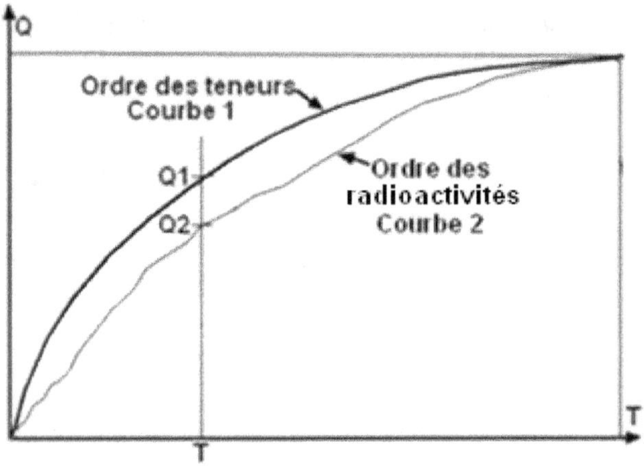

Figure 24 : Pertes dues aux erreurs dans un repère Q/T

L'écart Q1-Q2 entre les deux courbes mesure donc la perte de métal engendrée par les *erreurs de sélection*. Le coût de cette perte est à comparer au prix qu'il faudrait payer pour analyser les teneurs de tous les boulders, seul moyen d'éradiquer ces *erreurs de sélection*. On pourra ainsi décider soit d'analyser tous les boulders à venir, soit de se contenter d'une sélection imparfaite sur la variable informante « radioactivité ».

Dans le repère Q/T, la perte économique Q1-Q2 est exprimée en tonnes d'uranium. Nous allons également exprimer la valeur des sélections de boulders en tonnes d'uranium en la divisant par *Pu* et en la nommant B (Bénéfice) :

$$B = Q - Cu/Pu \times T$$

Où : B = Valeur exprimée en tonnes d'uranium
T = Tonnage extrait = *Masse* x *%Sel*

Q = Tonnage uranium = *T* x *Teneur*
Pu = prix d'une tonne d'uranium
Cu = coût du traitement d'une tonne de boulder

Dans le repère *(Q, T), l*es couples portés par la droite d'équation *Q = B + Cu/Pu x T* auront tous la même valeur *B* pour le contexte économique défini par Cu/Pu. *Encore faut-il que ces couples existent*, c'est-à-dire qu'il se situent sous la courbe Q/T paramétrant la sélection. Pour que B soit maximal, il faut que cette droite se situe le plus haut possible tout en passant par au moins un point de la courbe Q/T (Voir figure ci-dessous).

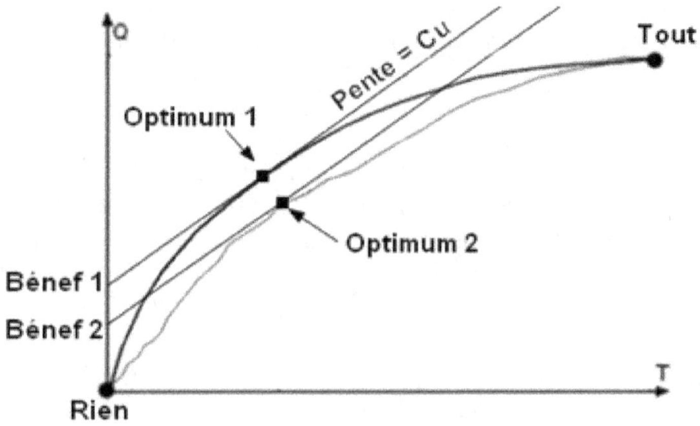

Figure 25 : Détermination des coupures

Le bénéfice n°1 pour une sélection sans erreur sur la teneur est supérieur au bénéfice n°2 pour une sélection avec erreurs sur la radioactivité. L'écart entre les deux droites mesure la perte due à la sélection dégradée sur la radioactivité. A l'inverse de l'optimum 1 qui est le point de tangence avec une courbe convexe, l'optimum 2 peut apparaitre en plusieurs points de la courbe n°2 qui présente des concavités. Les points situés dans les parties concaves de la courbe n°2 ne pourront jamais être obtenus par coupure.

Les courbes Q/T en mine

Les courbes Q/T constituent un véritable « couteau suisse » pour *l'aide à la décision en mine* :

- Les *parties convexes* sont utilisées pour *optimiser des projets* d'exploitation notamment à ciel ouvert.
- Les *parties concaves* sont utilisées pour *programmer l'exploitation*.

Mais, dans les deux cas, le mineur utilise des courbes Q/T construites sur des blocs estimés découpant le gisement, c'est-à-dire après avoir traité le problème de l'incertitude. Nous n'aborderons pas ces usages trop spécifiquement miniers et non tributaires de l'incertitude. Pour en savoir plus, le lecteur pourra se référer à l'article : *L'étude du projet – La paramétrage des réserves, numéro 207 hors-série d'octobre 2013 / Revue Mines & Carrières*.

Dans ce livre, *nous nous référerons aux courbes Q/T uniquement à des fins pédagogiques en lien avec l'incertitude*. Elles nous permettront d'analyser les processus de sélection jusqu'à imaginer une méthode d'estimation ne recourant pas à la pratique des probabilités. Mais, très vite, nous devrons d'abandonner cette méthode en raison de difficultés de mise en œuvre. Néanmoins, ce détour par les courbes Q/T aura le mérite de montrer que c'est *uniquement par commodité* que nous aurons recours à la pratique des probabilités dans le Chapitre 6 : L'ESTIMATION.

5.4 Le partage d'un investissement à long terme

La gestion des ressources terrestres

Notre analyse de la *Gestion des Ressources Minières* sur l'exemple des boulders est partiellement transposable à toutes les ressources terrestres. Les 4 points communs à toute gestion d'une ressource sont les suivants :

1. Une ressource est rarement consommée en totalité. La règle est la *réponse élastique* des sélections à l'effort consenti la mise en valeur. Les courbes Q/T traduisant cette élasticité sont des outils généraux.
2. La mise en valeur d'une ressource s'inscrit toujours sur *le long terme.* L'opérateur consomme la ressource dans le présent tout en investissant pour préparer les consommations futures : accès, préservation, renouvellement, etc…
3. Les projets de mise en valeur à long terme sont *peu sensibles aux fluctuations économiques* car l'investissement de départ est souvent prépondérant dans la structure des coûts.
4. *L'incertitude* sur l'existence et la qualité des ressources est toujours assez forte. La *gestion d'une ressource* se double d'une *gestion de l'incertitude* sur la durée.

La plupart de nos méthodes sont donc assez générales même si l'incertitude engendrée par l'opacité du sous-sol amplifie les problématiques minières.

Le *droit romain* distinguait les « *ressources communes* » non appropriables et les « *ressources de personne* » appropriables sous l'égide d'une autorité. Les « *ressources communes* » (Eau, flore, faune, sols, etc..) engendrent des *fruits renouvelables* et sont censées être intangibles pour garantir leur renouvellement. Les « *ressources de personne* » couvrent à la fois le fruit des « *ressources communes* » et les substances terrestres non renouvelables (Minerais, énergie, matériaux de construction, minéraux industriels, etc.).

Depuis l'ère industrielle, le développement des activités humaines nous conduit à distinguer 3 catégories de ressources : les *ressources renouvelables*, les *ressources non renouvelables*, les *ressources existentielles*.

Les *ressources renouvelables* sont le « *fruit* » de ressources communes réputées intangibles. Il s'agit pour l'essentiel des ressources de la biosphère : forêts, ressources de la mer, cueillette, chasse, etc… Les cadences de prélèvement devraient rester compatibles avec le renouvellement naturel. Mais, le respect des *ressources communes* est aujourd'hui impossible dans une nature ouverte à une concurrence non régulée. Leur épuisement met progressivement fin à tout prélèvement dans le milieu naturel et conduit à investir dans un renouvellement artificiel dégradé : agriculture, sylviculture, aquaculture, etc…

Les *ressources non renouvelables* sont par nature vouées à l'épuisement. Elles sont appropriables et rentrent dans le circuit économique. Il s'agit pour l'essentiel des substances minérales et énergétiques. Les unités de production sont dimensionnées « élastiquement » en fonction du marché et de la ressource. Jadis, au sein d'économies fermées, les groupes industriels veillaient à la préservation sur le long terme de ces ressources vitales pour leur approvisionnement en matière première. Aujourd'hui, sur un marché mondial ouvert à la concurrence, la préservation des *ressources non renouvelables* n'est plus un souci et l'écrémage bat son plein.

Les *ressources existentielles* sont nécessaires à la vie sur terre et sont pourtant réputées inépuisables et sans valeur. En l'absence de toute coercition, elles sont sacrifiées en marge d'activités industrielles lucratives. L'air, les eaux, les sols sont ainsi détruits, pollués et détournés de leur usage normal. Leur renouvellement est, tant bien que mal, assuré par la collectivité si elle en a les moyens : assainissement d'effluents, renouvellement du vivant, gestion de l'eau, dépollution, etc. Aujourd'hui, malgré des discours écologiques enflammés, la préservation de ces ressources ne pèse pas lourd face aux impératifs de la croissance économique.

✦ La structure des coûts et l'effet d'échelle

Dès qu'il est question d'incertitude, *un objet n'est jamais isolé :* il s'insère forcément dans une série d'objets représentée par un modèle. Sur notre gisement de boulders, le tonnage total des boulders à trier est commun à toutes les coupures essayées. Il joue sur la valeur absolue de chaque fraction sélectionnée. Mais, il ne joue pas en relatif sur l'optimisation de la coupure puisque ce tonnage de référence est le même pour toutes les coupures testées. Le coût *Cu/Pu* détermine seul la coupure finalement retenue. Ayant *admis que l'usine de traitement existait et que ce coût était constant*, nous n'avions pas à nous préoccuper de la taille du gisement de boulders. Le modèle suffisait pour optimiser la coupure déterminant le tonnage de la fraction des boulders sélectionnée.

Dans ce nouveau chapitre, nous allons considérer que l'usine est encore à construire. *Il faut alors décider d'investir à l'avance sur un outil industriel commun à tous les boulders exploités qu'ils soient ou non le fruit d'une sélection.* Comme pour toute activité industrielle ayant un impact sur des *ressources communes vitales*, cet investissement en avance doit inclure des *engagements* pour limiter les nuisances, pour les compenser et pour remettre en état le site. Dans certains pays développés, l'état impose des garanties financières qui sont donc incorporées de fait dans l'investissement initial.

Tout processus industriel est soumis à *l'effet d'échelle* : *plus l'investissement sur l'outil de production sera important plus les coûts unitaires de production seront faibles.* Ainsi, le coût de transport d'une tonne de roche par des dumpers de 200t sera très faible moyennant un gros investissement. A l'opposé, son coût de transport par des brouettes de 50kg sera très fort moyennant un petit investissement.

Du fait de *l'effet d'échelle*, un gros gisement permettra de répartir un gros investissement initial sur un gros tonnage et ainsi d'engendrer des coûts proportionnels faibles. Un petit gisement ne le pourra pas. *Il faut donc optimiser la taille de l'unité de production en fonction de la taille du gisement.* L'unité de production est paramétrée pour traduire l'*effet d'échelle* par des courbes donnant l'investissement et les coûts unitaires en fonction de la cadence de production (Voir figure ci-dessous).

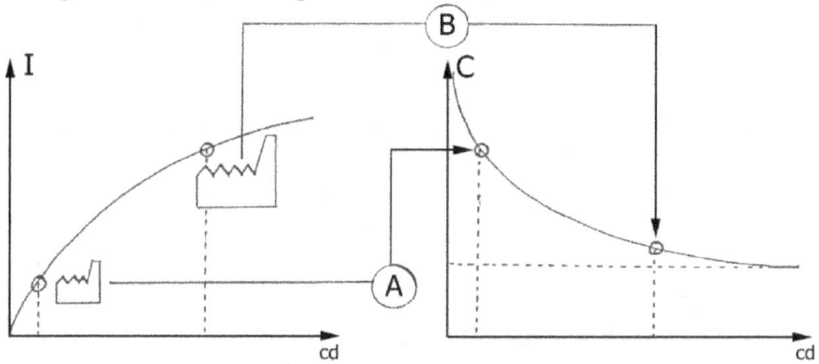

Figure 26 : Paramétrage de l'effet d'échelle

Admettons que notre gisement de boulders est exploité globalement sans sélection et qu'il contient un tonnage Q d'uranium dans un tonnage T à extraire. Parmi toutes les unités de production paramétrées par la cadence, on retiendra celle qui maximise la valeur de ce projet d'exploitation sans sélection :

$$Valeur = Q \times Pu - Cu \times T - Invest$$

Où : *Valeur* = Valeur du projet d'extraction du gisement
Invest = Investissement consenti
T = Tonnage extrait global
Q = Tonnage uranium contenu dans les boulders
Cu = coût du traitement d'une tonne de boulder
Pu = prix d'une tonne d'uranium

Si cette valeur est positive, on réalise l'investissement. Sinon, on renonce. Le gisement de boulders est alors une ressource dont la taille fixée détermine le projet d'investissement adapté à sa mise en valeur.

Le problème se complique quand *le tonnage à exploiter est sélectionné par coupure*. Ce tonnage à exploiter dépend d'une coupure fonction des coûts unitaires afférents à l'investissement. Or, l'investissement dépend lui-même du tonnage à exploiter. La taille de la sélection à extraire sur le gisement et celle de l'unité de production ne peuvent être choisies indépendamment. On fait alors appel à un double paramétrage. D'un côté, le gisement est paramétré par une courbe Q/T décrivant l'*élasticité de la ressource* sur variable valorisante ou variable informante De l'autre, l'unité de production est paramétrée par les deux courbes ci-dessus décrivant *l'effet d'échelle.* L'optimisation économique finale par confrontation de ces courbes paramétrées débouche sur le meilleur couple (Fraction sélectionnée, Unité de production).

Bien sûr, l'optimisation en bureau d'études d'un projet minier est une opération complexe dont bien des aspects ont dû être éludés dans l'exemple du gisement de boulders uranifères. *Sur le plan industriel*, on doit combiner plusieurs traitements sur plusieurs segments de production, on doit gérer plusieurs niveaux de sélection emboités et le problème d'accès aux minerais ne peut être négligé. *Sur le plan financier*, les flux de trésorerie doivent être répartis dans le temps et actualisés pour évaluer les projets sans perturber les choix techniques. Mais ce livre n'a pas vocation à rentrer dans les détails de calculs spécifiquement miniers, sans intérêt au regard du thème de l'incertitude et non généralisables à toutes les formes de ressources. Nous retiendrons surtout le rôle conjoint de deux facteurs de décision : l'*élasticité de la ressource* et l'*effet d'échelle.*

✦ **<u>Les impératifs des activités à long terme</u>**

Bien que trop dépouillé pour être réaliste, notre exemple des boulders uranifères a l'avantage d'être accessible à tous et d'être emblématique de la *gestion d'une ressource minière.* Il suffit également à *replacer l'incertitude dans une perspective à long terme.* La pérennisation de la production à long terme est une composante commune à l'exploitation de toutes les ressources naturelles.

Une mine doit être capable *de fabriquer sur une durée souvent très longue un produit régulier en tonnage et en qualité.* Cette production est assurée à partir de la fraction du gisement sélectionnée par coupure : *la réserve.* Or, le contexte économique peut varier considérablement sur la durée d'exploitation d'un gisement. D'où la tentation de *modifier la coupure en cours d'exploitation* au gré des variations économiques à court terme.

Il s'agit là une *faute professionnelle grossière* conduisant au gaspillage de la réserve en raison d'une mauvaise compréhension de l'impact de la coupure, sur la durée de vie des gisements. En mine, *l'investissement initial pèse en général plus* lourd *dans la structure des coûts* que *les coûts proportionnels.* De ce fait, modifier à court terme les coupures qui fixent le découpage de la réserve a des effets délétères à long terme.

Il faut donc *conserver la coupure initiale* pour maintenir la réserve au niveau garantissant la rentabilité à long terme de l'investissement. Certes, une dégradation du contexte économique affectera ponctuellement les résultats comptables de la mine. Mais, en raison du poids de l'investissement, *cette dégradation remettra rarement en cause le choix* d'un projet initialement conçu pour exploiter toute la réserve. Un projet minier présente donc une *forte inertie* par rapport au contexte économique. La mine, comme toute activité tributaire d'une ressource, est par nature une *activité à long terme* n'en déplaise à des spéculateurs peu soucieux de l'avenir.

Ceci étant, *un projet minier peut toujours « décrocher »* en raison, par exemple, d'une baisse structurelle du cours du métal exploité. L'exploitant vérifie donc périodiquement que le projet en cours est toujours optimal à long terme. Si ça s'avère nécessaire, il modifiera l'outil de production et les coupures associées. C'est l'un des objectifs d'un *contrôle d'exploitation* annuel qui n'a donc rien à voir avec un *changement sauvage de coupure* en cours d'exploitation. Une mine est une entreprise comme une autre s'alimentant sur un contrat d'approvisionnement à long terme. Elle peut exceptionnellement dénoncer ce contrat si c'est dans son intérêt.

Mais, le *contrôle d'exploitation* annuel est surtout justifié par *l'incertitude* affectant les *effets réels sur la réserve des sélections* en cours d'exploitation. Il s'avère souvent impossible de respecter exactement le processus de coupure tel qu'il était préconisé en bureau d'études. La réserve est très sensible aux conditions de coupure. Même en l'absence de toute faute d'exploitation, elle peut se dégrader insidieusement sur la durée.

+ **Le choix des variables informantes**

Qu'elle soit construite sur une variable valorisante ou sur une variable informante, une courbe Q/T traduit l'élasticité d'une ressource et permet de maximiser sa valeur. Cette valeur sera dégradée par l'usage d'une variable informante en raison de *la perte engendrée par les erreurs de sélection*. Une autre variable informante, probablement plus coûteuse, pourrait réduire cette perte. Pour la choisir, il faut comparer un *surcoût immédiat et certain* à une *valeur incertaine* due à la réduction d'une *perte future*. Les erreurs dues à l'emploi d'une variable informante seront d'autant plus réduites que sa *corrélation* avec la variable valorisante sera forte.

Souvent, *plusieurs variables informantes* peuvent être envisagées pour remplacer la variable valorisante. Pour les départager, nous ferons appel à un critère économique combinant le coût d'acquisition et la perte évitée en moyenne sur un modèle. Dans l'exemple des boulders, nous avons jusqu'à maintenant, pris la *radioactivité* comme variable informante. Mais, dans l'interprétation géologique des boulders figurant au chapitre précédent, la *taille des boulders* était également être pressentie. Nous allons donc comparer les deux variables informantes suivantes : la *radioactivité* et la *taille* des boulders.

Notre *modèle* sera désormais constitué d'un ensemble représentatif de boulders calibrés en taille, mesurés en radioactivité et analysés en teneur. Nous pouvons construire 3 courbes Q/T le tonnage d'uranium Q reporté en ordonné étant calculé sur les teneurs :

- La *courbe N°1* est construite en classant les boulders du modèle dans l'ordre décroissant de leurs *teneurs*. Cette courbe afférente à cette variable valorisante est sans erreur, croissante, convexe et en tout point supérieure aux autres courbes.
- La *courbe N°2* est construite en classant les boulders du modèle dans l'ordre décroissant de leurs *tailles*. Cette courbe dégradée par des erreurs, croissante et non convexe est assez proche de la courbe N°1.
- La *courbe N°3* est construite en classant les boulders du modèle dans l'ordre décroissant de leurs *radioactivités*. Cette courbe dégradée par des erreurs, croissante et non convexe est très inférieure à la courbe N°1.

Ces 3 courbes (Voir figure ci-dessous) montrent que la sélection sur la taille fournit pour tout tonnage extrait T un tonnage d'uranium Q supérieur à celui fourni par la sélection sur la radioactivité. *La taille est donc une variable informante meilleure que la radioactivité* pour la sélection des boulders. La taille s'avère mieux corrélée à la teneur que la radioactivité en raison du fort déséquilibre radioactif des boulders.

La position relative des courbes les unes par rapport aux autres est un bon critère pour départager les variables informantes. *La meilleure variable informante est celle dont courbe est la plus proche de la courbe « sans erreur » construite sur la teneur.* Ce critère doit néanmoins être pris avec beaucoup de circonspection, d'abord par ce que *l'exemple présenté est très romancé*, ensuite parce que rien n'empêche les courbes n°2 et n°3 de se croiser.

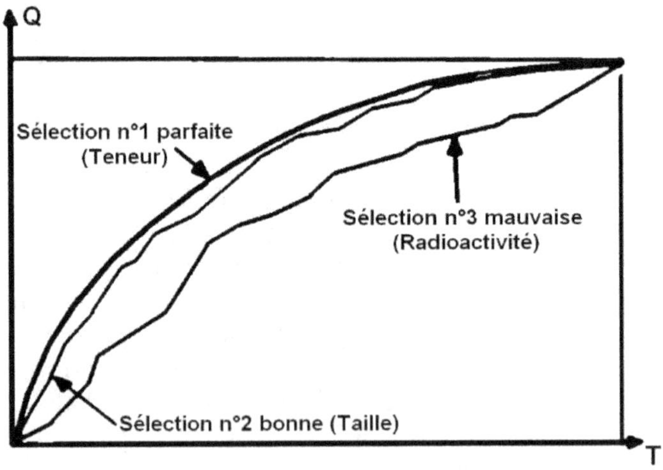

Figure 27 : Efficacité comparée des variables informantes

Par ailleurs, réduire l'effet des erreurs ne peut se faire à n'importe quel coût. Or, *le coût de l'information n'est pas le même pour toutes les variables informantes*. Pour couper sur la taille, il suffit d'investir dans un dispositif de criblage. Pour, couper sur la radioactivité, il faut investir sur un dispositif plus coûteux tel qu'un portique équipé pour mesurer la radioactivité. Les critères de coût et d'efficacité conduisent donc tous deux à choisir la taille comme variable informante.

Les variables informantes composites

On pourrait imaginer de *tirer parti à la fois des deux variables informantes*, taille et radioactivité, en hiérarchisant le processus de sélection. On commencerait par cribler les boulders pour éliminer les plus petits supposés plus pauvres. On mettrait ensuite en œuvre sur les boulders restants une sélection plus coûteuse utilisant l'information « radioactivité ». En gros, c'est ce qui se pratique en *enrichissement des minerais* sur des flux circulants de matière morcelée. Dans une usine, on ne peut guère faire autrement.

Mais, pour des sélections à l'échelle du terrain fondées sur des calculs, une telle méthode nous ferait regretter d'éliminer à cause de leur taille des boulders peut-être très riches en raison de leur forte radioactivité. On a donc l'intuition qu'une *variable informante composite* combinant la radioactivité et la taille pourrait s'avérer meilleure pour la sélection que la taille ou la radioactivité prises indépendamment.

Pour optimiser une telle combinaison de variables, *il faudrait former toutes les combinaisons possibles de la taille et de la radioactivité*, tracer toutes les courbes Q/T associées, et à retenir celle qui est la plus proche de la courbe parfaite construite sur la teneur.

Dans son principe, cette méthode optimisant une combinaison de variables informantes est séduisante, mais, elle laisse présager deux grosses difficultés :

- Elle parait *peu commode* car le nombre de combinaisons risque d'être trop important même si on ne recherche que des combinaisons linéaires.
- Il serait impossible de *départager « à l'œil »* des courbes qui peuvent se croiser. Une courbe peut être meilleure qu'une autre en certains points et plus mauvaise sur d'autres.

Les courbes Q/T nous permettent d'analyser les problèmes de sélection sur des variables informantes, mais on peut déjà pressentir qu'il sera difficile d'en tirer des méthodes opérationnelles de sélection.

5.5 Le recours au conditionnement ponctuel

La gestion de la réserve sur une mine

Une *concentration minérale n'a pas de limites naturelles*. Elle contient une ressource *élastique*. L'élasticité de cette ressource est décrite par une courbe Q/T donnant le tonnage maximal de métal Q en fonction du tonnage extrait T. Cette courbe porte des sélections par coupures susceptibles d'être extraites moyennant un investissement à définir. L'optimisation économique permet de fixer cet investissement en dimensionnant conjointement une unité de production et une fraction sélectionnée dans la concentration minérale.

Cette *fraction à valoriser par l'outil de production* ainsi retenu est un point de la courbe Q/T. Elle contient *la réserve à exploiter*. La *gestion de la réserve* couvre l'ensemble des opérations organisant le prélèvement sur une *durée de vie* qui peut être très longue. En raison d'un investissement initial important, les projets miniers présentent une forte inertie aux fluctuations économiques. La réserve et les coupures qui la définissent sont donc assez stables à long terme et la *gestion de la réserve* est peu impactée par l'économie.

Toute *outil de production industriel* est fait pour engendrer *en sortie* des flux de produits réguliers. Pour ce faire, il doit être alimenté *en entrée* par des flux de matières premières également réguliers en termes de quantité et de qualité. La *gestion de la réserve* est chargée de créer ces flux de matière première réguliers dans le temps à partir d'une réserve irrégulièrement répartie dans un volume opaque à découper. Sur la plupart des mines, la gestion de la réserve couvre trois volets : *le pilotage de la production, la programmation d'exploitation* et *le contrôle d'exploitation.*

Le *pilotage de la production* couvre les opérations à court *terme* dédiées à la fabrication des produits à partir de diverses qualités de minerai censées être accessibles à front compte tenu des moyens d'extraction et de roulage disponibles. Les minerais extraits à front sont mélangés avec ceux des stocks par qualités constitués quand une qualité est excédentaire et repris quand elle vient à manquer. Ce mélange est souvent géré sur des stocks d'homogénéisation sur lesquels sont fabriqués des lots de produit de qualité fixée. La qualité est contrôlée à la constitution par des aller-et retours dans le sens de la longueur. Le mélange connu et constant est récupéré par tranches transverses à la reprise (Voir figure ci-dessous).

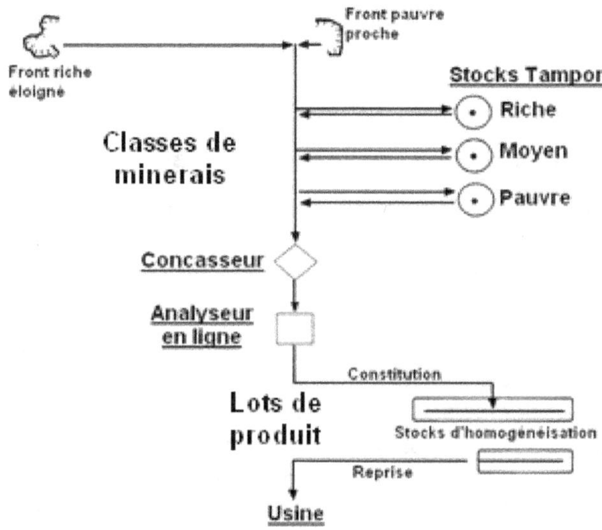

Figure 28 : Fabrication d'un lot de produit en mine

La *programmation d'exploitation* vise rendre en permanence accessibles les différentes qualités de minerai requises par le pilotage de production. La programmation d'exploitation est très spécifique aux activités minières et requiert des connaissances assez pointues pour gérer les accès dans des conditions géométriques diverses.

Le *contrôle d'exploitation* vérifie annuellement que la réserve ne se détériore pas au cours du temps et qu'elle sera toujours accessible sur toute la durée de vie de la mine. C'est aussi à ce stade que la réserve et les coupures pourraient être remises en cause par une nouvelle donne économique. En cas de problème, le projet d'exploitation est corrigé ou les méthodes de pilotage à court terme sont améliorées.

Ces 3 volets caractérisent une gestion de la réserve minière sur des *gisements dits « fermés »*. Un gisement fermé est un gisement dont la ressource, entièrement reconnue au préalable, a déterminé le projet d'exploitation.

Sur des *gisements dits « ouverts »*, la réserve se cantonne aux parties du gisement déjà reconnues. Les gisements filoniens quasi-verticaux impossibles à sonder sur toute leur hauteur depuis la surface sont des gisements ouverts. La réserve est en permanence renouvelée par prospection en cours d'exploitation. Des avances en reconnaissance et des stocks surdimensionnés doivent alors couvrir un risque important de rupture de production.

Le *contrôle d'exploitation* est le volet commun à toutes les formes de gestion de la réserve. Il permet de vérifier a posteriori des effets de la consommation à court terme sur la préservation à long terme. En constatant les échecs en cours d'action, le *contrôle d'exploitation* contribue à l'amélioration du savoir-faire. Toute méthode progresse au gré de ses échecs sur des modèles sans cesse affinés par recalage sur les archives du passé. *L'oubli du passé*, qu'il soit volontaire ou involontaire, est un *facteur majeur de gaspillage* des ressources naturelles.

Comment concilier sélection et régulation ?

Jusqu'à présent, les méthodes intégrant l'incertitude *ne visaient qu'à sélectionner* des ensembles d'objets par coupure sur des variables informantes substituées à la variable valorisante. En nous rattachant à un modèle, nous avions sélectionné des ensembles de boulders par coupure sur une variable « radioactivité » en acceptant des erreurs au lieu d'utiliser la « variable teneur » trop coûteuse à mesurer.

La gestion de la réserve nous fait entrevoir des problèmes allant au-delà des objectifs de la sélection tout en continuant d'impliquer l'incertitude. Nous avons désormais besoin *d'une méthode pour engendrer des flux de production réguliers à partir de la réserve*. Or, pour réguler une production, il faut gérer des mélanges dans l'espace et dans le temps à partir d'ensembles d'objets quelconques. La solution la plus simple serait *d'affecter à chaque objet prélevé une distribution modèle simulant l'incertitude* et de recomposer ces distributions sur l'ensemble de notre choix.

Pour poursuivre notre démarche en ce sens, nous allons encore reprendre notre exemple des boulders. Cet exemple n'est pas spécifiquement minier puisqu'il élude les contraintes typiquement minières d'accès aux boulders. Notre but est désormais de fabriquer par mélange un flux régulier de teneurs à partir d'une réserve formée de boulders supposés accessibles et informés par une variable plus ou moins corrélée à la teneur.

Cette fois, la variable informante sera la *taille d'un boulder* et non sa radioactivité. L'exemple sera ainsi rendu plus visuel puisque nous pourrons dessiner les boulders plus ou moins gros présumés plus ou moins riches (Voir figure ci-dessous).

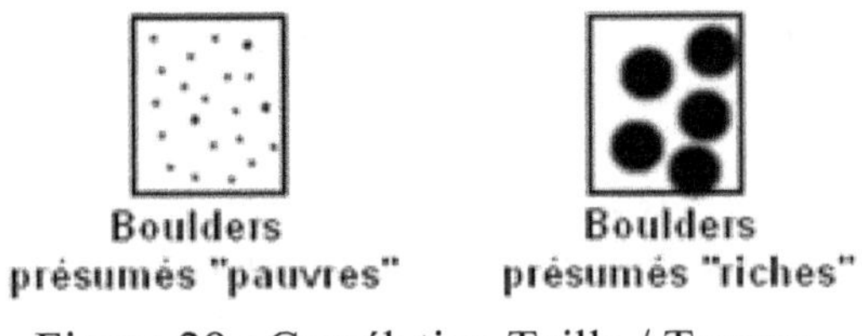

Figure 29 : Corrélation Taille / Teneur

La distribution de probabilités de la teneur d'un boulder *sachant* sa taille permettrait de gérer tous les *mélanges possibles de boulders*. En composant ces *distributions conditionnelles,* on obtiendrait la distribution de probabilités sur n'importe quel ensemble de boulders. Cette distribution de probabilités du boulder conditionnant n'étant pas objective, il faudrait la *simuler par la distribution de fréquences des boulders ayant exactement même la taille*.

Pour ce faire, nous pourrions conditionner le modèle formé de boulders calibrés en taille et analysés en teneur dans un intervalle de coupure étroit encadrant cette taille. *La distribution conditionnelle de la teneur serait alors simplement la distribution de fréquences des boulders appartenant à cet intervalle.* Si l'intervalle est suffisamment étroit, nous pourrions considérer que cette distribution est une bonne approximation de la distribution de fréquence des boulders ayant exactement la taille centrale. Nous passerions ainsi d'un conditionnement par coupure à un *conditionnement ponctuel* en conservant les principes exposés jusqu'à maintenant.

Malheureusement, nous pouvons d'ores et déjà prévoir une *grosse difficulté* du fait que l'intervalle utilisé ne pourra à la fois être assez étroit et contenir un nombre statistiquement significatif de boulders. Néanmoins, nous allons poursuivre un peu dans cette voie pour introduire de façon pédagogique les méthodes d'estimation exposées dans le chapitre suivant.

- **<u>Le conditionnement dans un intervalle</u>**

Le thème du *conditionnement ponctuel* sera donc abordé en partant d'intervalles étroits définis par deux coupures sur la taille. Pour chaque intervalle, nous pouvons calculer la proportion et la teneur moyenne des boulders qu'il contient. Sur le schéma ci-dessous, nous avons réparti la population modèle des boulders dans des casiers affectés à des intervalles de taille identiques. On calibre et on classe les boulders selon leur taille, puis on analyse la teneur moyenne de chaque casier.

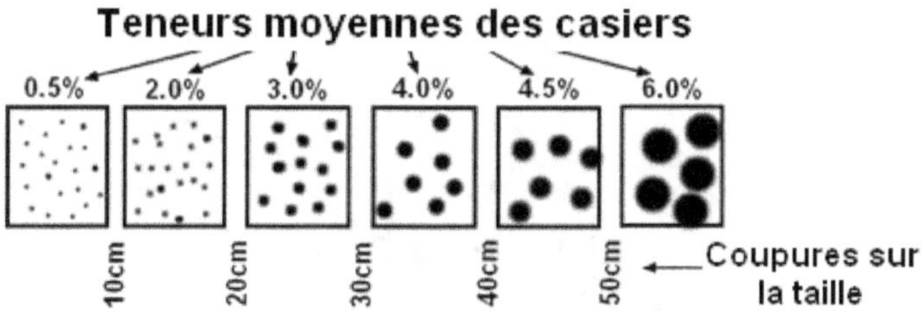

Figure 30 : Répartition des boulders en casiers granulométriques

Tout nouveau boulder de teneur inconnue pourrait être *rattaché à un casier* du fait de sa taille et être estimé par la teneur moyenne de ce casier. La variance des teneurs de boulders dans ce casier matérialiserait assez bien notre incertitude sur cet estimateur. Le conditionnement dans un intervalle de coupure est une méthode d'estimation rustique mais légitime. Elle a d'ailleurs été réellement utilisée.

Les estimateurs ainsi obtenus sont les moyennes des distributions conditionnelles dans les casiers, c'est-à-dire des *espérances conditionnelles.* Moyennant une correction d'additivité par la masse, *l'estimateur de la teneur moyenne* de n'importe quel ensemble de boulders sera égal à *la moyenne des estimateurs des boulders*.

Mais, à l'usage, on constatera vite les limites de cet embryon de méthode d'estimation :

- Soit, *les intervalles sont trop larges*. Dans ce cas, l'estimation de la teneur d'un boulder par la teneur moyenne de son casier serait beaucoup trop imprécise.
- Soit, les *intervalles sont trop étroits*. Dans ce cas, ils contiendraient trop peu de boulders pour fournir une moyenne significative.

Cette première méthode d'estimation risque donc de ne pas nous mener loin.

La fonction d'estimation sur nuage de points

Pour analyser graphiquement le conditionnement d'une variable valorisante par une variable informante, nous utiliserons un mode de représentation propre aux distributions à deux variables : *le nuage de points*. Chaque point représente un couple de réalisations (Variable informante, Variable valorisante) dans la population « modèle ». La variable informante est reportée en abscisse. La variable valorisante est reportée en ordonnée.

Le nuage de point ci-dessous est construit sur le modèle représentatif de notre gisement de boulders. Ce nuage décrit le *conditionnement de la teneur par la taille*. Chaque point représente un couple (Taille, Teneur) associé à un boulder. Les échelles ont été transformées pour ramener tailles et teneurs sur un domaine de variation commun.

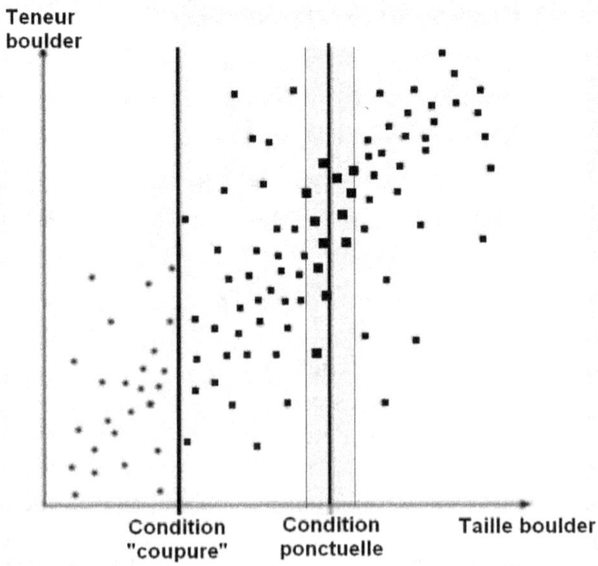

Figure 31 : Conditionnement sur nuage de points

A l'inverse du conditionnement par une coupure unique (Points représentés par des petits carrés), le conditionnement de la teneur dans un intervalle étroit (Points représentés par des gros carrés) autour de l'information « taille du boulder » ne contient pas un nombre significatif de points. En réduisant encore cet intervalle, on fera disparaitre toutes les données intersectées. *La population conditionnée par une information ponctuelle n'existe donc pas dans la réalité.* Il en est de même pour sa moyenne qui pourtant aurait été notre estimateur idéal. Cette pénurie de données dans le modèle serait encore accrue sur un nuage à plusieurs dimensions bâti sur des plusieurs variables informantes.

C'est la pénurie de données dans des intervalles très étroits qui a conduit au développement des *méthodes d'estimation* traitées dans le chapitre suivant. Ces méthodes partent de l'intuition qu'il est peut-être possible d'exploiter l'allure relativement continue du nuage. Ainsi, le nuage des boulders nous montre qu'un boulder est d'autant plus riche qu'il est gros et qu'un nuage dispersé traduit une forte incertitude. On pourrait donc imaginer d'ajuster sur le nuage une *fonction d'estimation* livrant des estimateurs se substituant aux espérances conditionnelles inaccessibles sur des intervalles étroits.

Chapitre 6. L'ESTIMATION

6.1 L'effet de régression

La régression née de la sélection

Avant de nous mettre à la recherche d'une *fonction d'estimation*, nous allons analyser la problématique de la sélection sur un nuage de points. Pour ce faire, nous abandonnons l'exemple des boulders qui se prête mal à cette analyse en raison de la *différence de nature* entre les variables informantes (radioactivité, taille) et la variable valorisante (teneur).

Nous allons donc prendre un nouvel exemple dans le domaine de la *sélection d'animaux d'élevage*, en cherchant à estimer la *taille adulte future d'une jeune vache* sachant la *taille adulte de sa mère*. La *variable informante* et la *variable valorisante* sont de même nature puisqu'il s'agit dans les deux cas de la *taille adulte* des animaux. Nous admettrons que la taille des vaches reste stationnaire d'une génération à l'autre.

Le choix de cet exemple peut surprendre dans un livre traitant de l'incertitude terrestre. Il s'explique par trois raisons :

1. Pour des variables de même nature, les nuages de points seront par construction bien symétriques par rapport à la première bissectrice. Les effets de l'incertitude ne seront pas *masqués par des espaces de variations radicalement différents* sur des variables de nature différente.
2. On prend ainsi de l'avance sur l'objectif essentiel de ce chapitre : *l'estimation dans l'espace terrestre*. Or, l'estimation dans l'espace terrestre traite aussi de variables de même nature puisqu'il s'agit de teneurs définies en différents points du sous-sol.
3. Cet exemple a une *signification historique* puisqu'il s'inspire des circonstances de la découverte de *l'effet de régression* par Francis Galton (1822-1911) à la fin du 19ième siècle (Voir encadré ci-dessous).

La régression selon Francis Galton : L'effet de régression est cité pour la première fois par F Galton en 1886 (« Regression towards mediocrity »). F Galton était un touche-à-tout génial connu notamment pour ses travaux en anthropologie. Comme son cousin C Darwin (1809 – 1882), il s'est intéressé à la problématique de la sélection qu'il a transposée à l'évolution la taille des populations humaines. F Galton sent le soufre car il est le *père de l'eugénisme*. Le terme de *régression de la taille des populations humaines* est très évocateur de sa pensée eugéniste. Comme F Galton, nous nous sommes donc intéressés à la sélection par la taille en la transposant à des animaux d'élevage pour éviter tout malentendu.

Un maquignon désire *sélectionner des vaches achetées au stade génisse*. Son critère de sélection est la taille au garrot. Nous supposerons que la valeur d'une vache adulte est une *fonction linéaire* de cette variable « taille ». Le maquignon désire estimer la taille adulte inconnue des génisses à partir la taille connue de leurs mères. Pour ce faire, *il va prendre modèle sur un échantillon de vaches adultes*. Pour chaque vache du modèle, il connait à la fois la taille et la taille de la mère. Le fait de sélectionner les génisses, dont la taille adulte future est encore inconnue, sur la taille de leurs mères engendrera des *erreurs* et causera une perte de valeur.

Le nuage de points ci-dessous montre une sélection par coupure sur la taille des mères (Variable informante en abscisse). Il met en évidence ses effets sur la distribution de la taille adulte des filles (Variable valorisante en ordonnée).

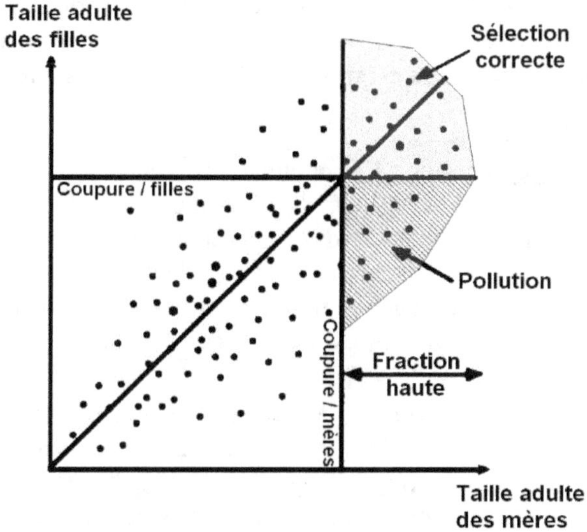

Figure 32 : Coupures sur un nuage de points

Dans la *fraction haute* (aire grisée), figurent :

- Des filles dont les *tailles sont supérieures à la coupure* comme celles de leurs mères. Ces génisses ont donc été *correctement sélectionnées*.
- Des filles dont les *tailles sont inférieures à la coupure* contrairement à celles de leurs mères (aire grisée hachurée). Ces génisses ont donc été *sélectionnées par erreur* et polluent la fraction haute.

Sur cette *fraction haute*, polluée par les erreurs, la taille moyenne des filles sera donc inférieure à celle de leurs mères respectives. C'est *l'effet de régression* qui s'exprime de la façon suivante :

« *Les filles sont en moyenne plus petites que leurs mères dans toute fraction haute définie par coupure sur la taille des mères* ».

De la même manière, on observerait une pollution de la *fraction basse* par des filles « en erreur » de taille supérieure à la coupure. La taille moyenne des filles y sera donc supérieure à celle de leurs mères respectives. L'effet de régression s'exprimera alors de la façon suivante :

« *Les filles sont en moyenne plus grandes que leurs mères dans toute fraction basse définie par coupure sur la taille des mères* ».

D'une manière générale, *l'effet de régression* est simplement dû au remplacement d'objets qui devraient figurer dans une fraction par des objets qui ne le devaient pas. C'est un *effet bien réel* causé par des erreurs de sélection dues à une connaissance imparfaite des objets à sélectionner.

+ **La perte mesurée par la régression**

L'effet de régression mis en évidence ci-dessus reflète la perte de valeur due aux erreurs de sélection. L'analyse de la valeur en espace Q/T utilisée sur l'exemple des boulders est transpos à l'exemple des vaches (Voir : encadré ci-dessous).

La valeur des vaches : La valeur d'une vache « i » dépend linéairement de sa taille adulte : $vi = ti - tc$. Exprimée en cm, elle est positive au-dessus de la coupure, négative en-dessous. La coupure est alors un coût. Parmi les N vaches proposées, le maquignon sélectionnera celles ayant une taille supérieure à tc. Les vaches non sélectionnées ayant une valeur nulle, la valeur globale des vaches est égale à celle de la fraction sélectionnée :

$$Valeur = \Sigma ti - N \times \%Sel \times tc = N \times \%Sel \times (tm - tc)$$

Où : *Valeur* = Valeur des vaches sélectionnées
N = Nombre de vaches proposées
%Sel = Proportion des vaches sélectionnées
tm= taille moyenne des vaches sélectionnées
tc= taille de coupure (paramètre de la sélection)

Par commodité, nous écrirons : $Valeur = Q - tc \times T$

Où : *T* = Nombre de vaches sélectionnées = *N* x *%Sel*
Q = Somme des tailles = *T* x *tm*

Le nombre de couples cumulé T est reporté en abscisse, *la somme des tailles Q* est reportée en ordonnée :

- La courbe Q/T de la *sélection sans erreur* est tracée en classant les vaches dans l'*ordre décroissant de leur taille.* Elle est croissante et convexe.
- La courbe Q/T de la *sélection par la taille des mères* est tracée en classant les filles dans l'*ordre décroissant de la taille de leur mère*. Elle est croissante mais non convexe.

L'écart carroyé entre les deux courbes Q/T représente la *perte de taille* due aux erreurs. Cet écart est maximal au cœur de la population et s'annule aux deux extrémités (Voir : Schéma de droite ci-dessous).

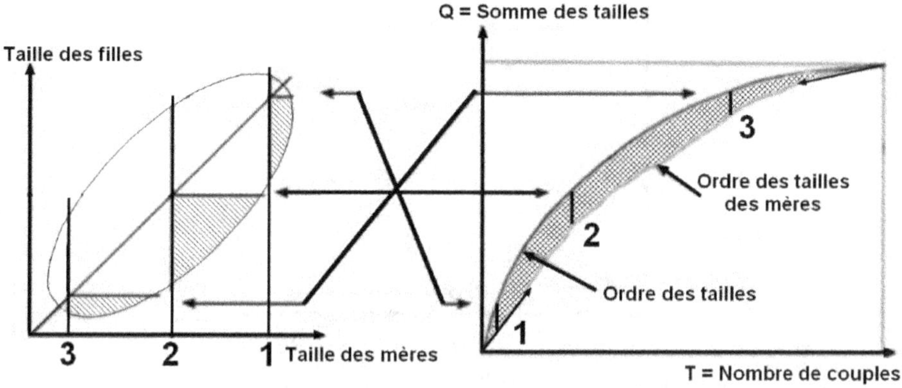

Figure 33 : Correspondance nuage / courbes Q/T

Sur le schéma de gauche, on a établi une correspondance avec le nuage de point théorique d'un modèle normal représenté par une ellipse d'iso-densité des points. Ce nuage théorique montre également que la perte (hachurée) est maximale autour de la moyenne et nulle aux deux extrémités.

En partant d'une coupure très haute et en la décrémentant, on observe l'évolution de la *régression vers le bas*, c'est-à-dire de la perte, *dans* la *fraction haute* :

- La *régression vers le bas* part de 0 quand on ne sélectionne aucune vache et *se creuse* jusqu'à un maximum aux environs de la moyenne.
- Elle *se comble* ensuite jusqu'à revenir à 0 quand on sélectionne toutes les vaches.

La *régression vers le haut de la fraction basse* suit le même mouvement en partant de 0 quand on sélectionne toutes les vaches pour revenir à 0 quand on ne sélectionne aucune vache

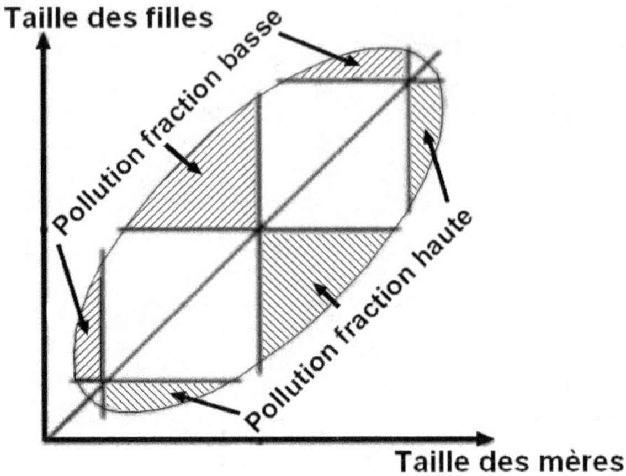

Figure 34 : Pollution fractions hautes et basses

La régression vers le haut et la régression vers le bas sont totalement symétriques puisque la distribution des tailles n'évolue pas au cours des générations. Les pertes sont identiques aux pollutions sachant que les pertes de la fraction haute sont les pollutions de la fraction basse et vice-versa.

- **La régression vers la moyenne**

La distribution des tailles restant inchangée entre générations, un intervalle encadrant la moyenne ne sera pas affecté par la régression. En effet, la pollution due à des valeurs basses à la limite inférieure sera compensée par la pollution due à des valeurs hautes à la limite supérieure

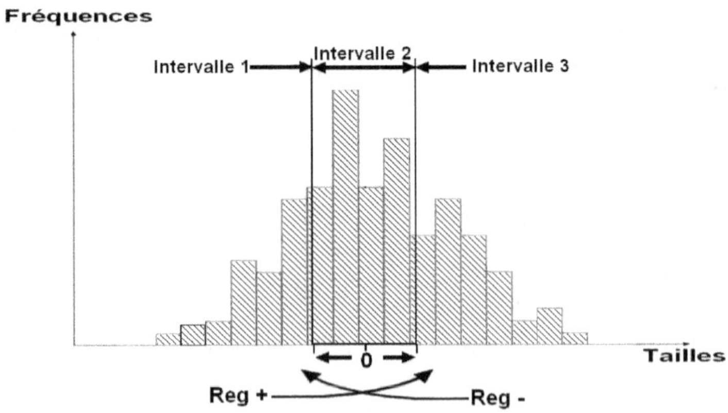

Figure 35 : Régression sur 3 intervalles

Mais, pour des intervalles situés du même côté de la moyenne, il n'y a plus de compensation :

- *Pour un intervalle situé en-dessous de la moyenne*, la pollution par le bas à la limite inférieure sera plus faible que la pollution par le haut à la limite supérieure. *La régression se fera donc vers le haut, c'est-à-dire vers la moyenne.*
- *Pour un intervalle situé au-dessus de la moyenne*, la pollution par le bas à la limite inférieure sera plus forte que la pollution par le haut à la limite supérieure. *La régression se fera donc vers le bas, c'est-à-dire vers la moyenne.*

Cette *régression vers la moyenne* est exprimée graphiquement sur le nuage de points théorique (loi normale) ci-dessous.

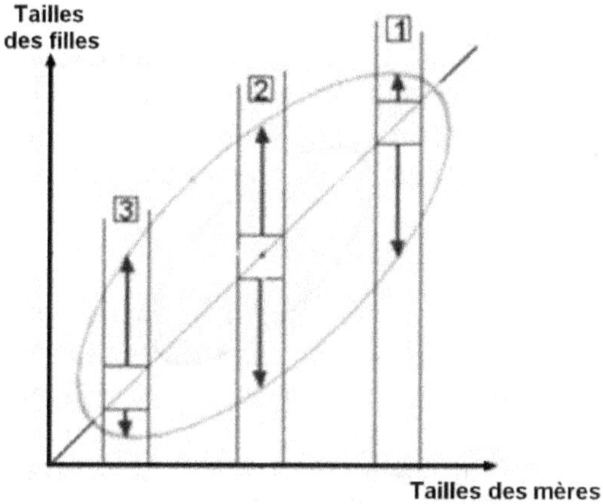

Figure 36 : Régression sur des intervalles

La régression vers la moyenne est un effet bien réel qu'on pourrait observer sur l'exemple des vaches comme illustré par la figure ci-dessous.

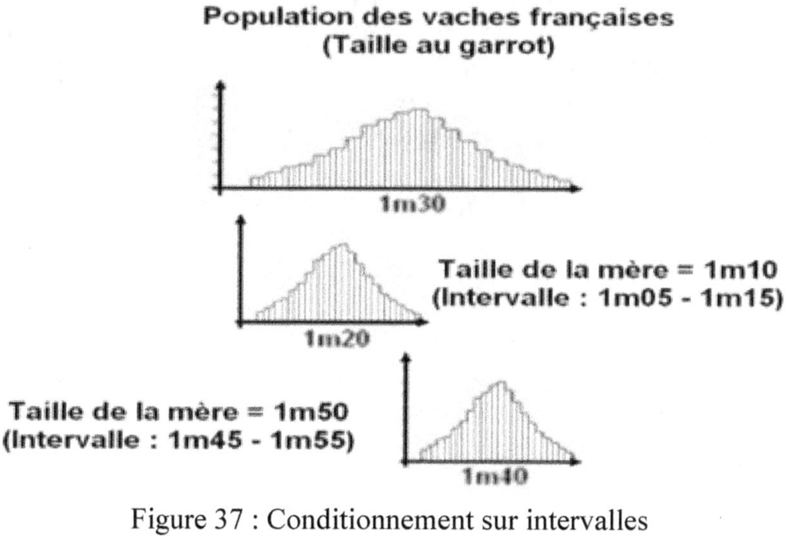

Figure 37 : Conditionnement sur intervalles

Une vache mesure en moyenne 1m30 sur la population globale. Mais, dans les intervalles, on constaterait un effet de régression vers la moyenne qui peut parfois surprendre certaines personnes :

- La taille adulte des filles dont les mères « petites » mesurent 1m10 en moyenne sur un intervalle de 1m05 à1m15, est de 1m20. Autrement dit :
  « Les filles de mères petites seront petites à l'âge adulte mais moins petites que leurs mères ».
- La taille adulte des filles dont les mères « grandes » mesurent 1m50 en moyenne sur un intervalle de 1m45 à1m55, est de 1m40. Autrement dit :
  « Les filles de mères grandes seront grandes à l'âge adulte mais moins grandes que leurs mères ».

Pour estimer la taille adulte d'une fille sachant celle de sa mère, il faudra donc reproduire par le calcul cet *effet de régression vers la moyenne*. C'est ce que fera une méthode d'estimation chargée de pallier artificiellement la pénurie totale de données inhérente à tout *conditionnement ponctuel.*

Corrélation et régression

Avant de plonger dans la conception de méthodes d'estimation, nous allons poursuivre notre analyse en nous intéressant *à l'impact sur la régression de la corrélation* entre la variable informante et la variable valorisante. La corrélation traduit la *tendance à varier ensemble de deux variables*. Un nuage de points resserré autour de la première bissectrice traduit intuitivement une forte corrélation et un nuage très dispersé une faible corrélation.

A titre d'exemple, nous allons imaginer des intervalles pas trop étroits contenant un nombre de couples « mère-fille » suffisant pour conditionner des distributions significatives. Considérons 3 cas :

- *Dans le 1ier cas*, on imagine un *clonage* engendrant une ressemblance mère/fille très forte. La taille moyenne des filles est très proche des tailles de leurs mères, c'est-à-dire de l'information. La distribution conditionnelle sera très resserrée autour de cette moyenne.

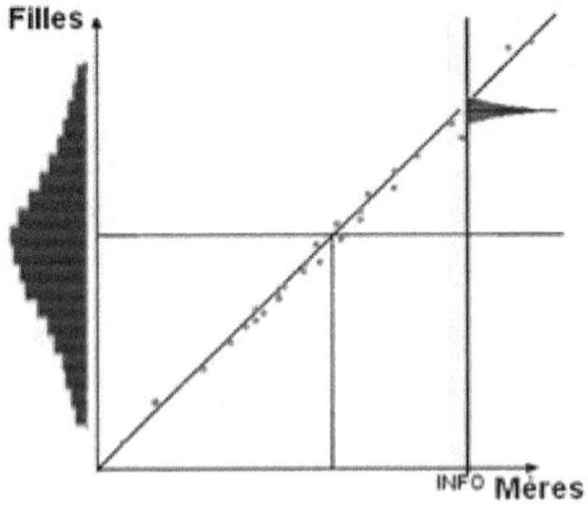

- *Dans le 2ième cas*, on imagine que *les filles sont adoptées* par les mères et qu'il est impossible de leur attribuer une mère biologique. La taille de sa mère n'est donc pas une information pour la taille d'une fille. Pour tous les intervalles, les distributions conditionnelles des tailles coïncident avec la distribution de la population totale. La moyenne des intervalles est représentée par une horizontale à la moyenne de la population.

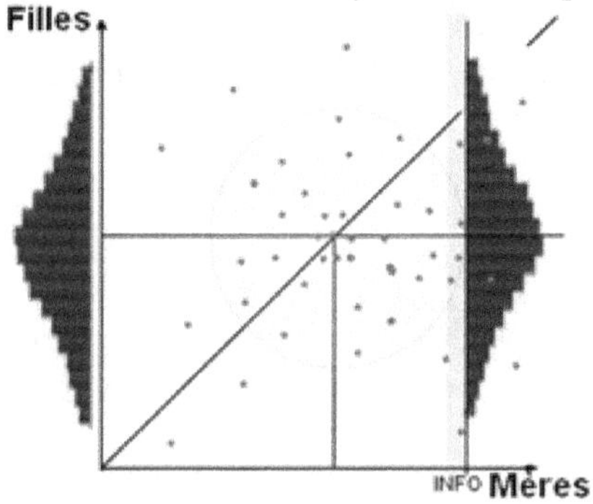

- *Dans le 3ième cas*, on imagine que chaque fille est attribuée à sa mère biologique. Mais, la ressemblance mère/fille est perturbée par des *facteurs cachés*. La moyenne des intervalles est intermédiaire entre la première bissectrice (1ier cas) et une horizontale passant par la moyenne (2ième cas). La variance est d'autant plus forte que le nuage est dispersé.

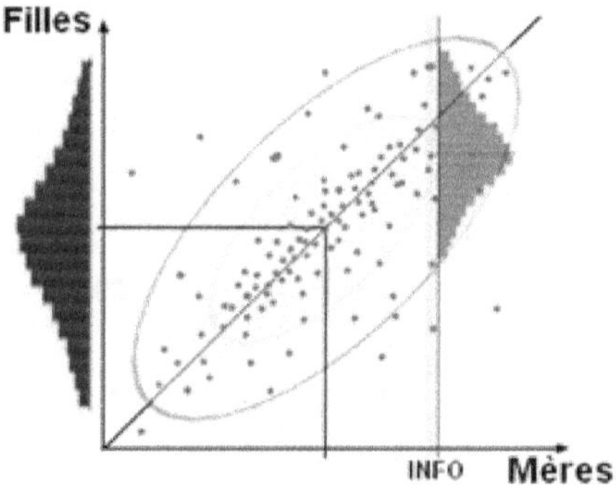

Si une distribution conditionnée ponctuellement existait, sa moyenne serait donc une fonction de la variable informante comprise entre sa réalisation et la moyenne de la population. La régression et la variance de la distribution conditionnée seraient d'autant plus fortes que l'information est médiocre et engendre une corrélation faible.

Nous sommes donc incités à rechercher une fonction d'estimation combinant deux composantes contradictoires :

- Une *composante structurée* qui traduit l'apport de l'information.
- Une *composante aléatoire* qui est la moyenne du modèle prise en l'absence d'information.

Si la corrélation est forte, la *composante structurée* l'emporte sur la *composante aléatoire*. C'est l'inverse qui se produit dans le cas contraire.

Nous sommes maintenant prêts rechercher une *fonction d'estimation* reproduisant par le calcul ces effets bien réels sur des intervalles assez grands. Cette *fonction d'estimation* devra passer par la moyenne et faire régresser artificiellement l'information vers cette moyenne d'autant plus fortement que le nuage de corrélation bâti sur le modèle est dispersé. Reste à trouver une forme générale pour cette *fonction d'estimation* et à fixer l'ampleur de la régression.

6.2 Les prémices de l'estimation

L'estimation en espace Q/T

Nous considérons que la meilleure *fonction d'estimation* est celle qui reproduit le mieux sur le modèle les effets *du conditionnement* à toutes les coupures. Sur l'exemple des vaches, la *fonction d'estimation* de la taille adulte d'une fille par la taille de sa mère doit faire régresser la taille de la mère vers la moyenne de la population modèle. Cette régression doit être d'autant plus forte que la taille de la mère s'éloigne de la moyenne. Par commodité, nous rechercherons cette fonction d'estimation sous une forme linéaire du type :

$$Taille^* = Coef \times (TailleMère - Moyenne) + Moyenne$$

Où *Coef* est un coefficient inconnu compris entre 0 et 1 qui fixe l'intensité de la régression. Si Coef est égal à 1, la régression est nulle et la taille future d'une fille sera égale celle de la mère. Si Coef est égal à 0, la régression est maximale et la taille future d'une fille est égale à la moyenne.

Reste à trouver la valeur du paramètre Coef qui reflète le mieux la réalité représentée par le modèle. Pour ce faire, nous imposerons à notre fonction d'estimation de restituer le mieux possible les sélections par coupures reportées en espace Q/T (Voir figure ci-dessous) : T est le nombre de couples mère/fille sélectionnés, Q est la taille cumulée des vaches à l'âge adulte.

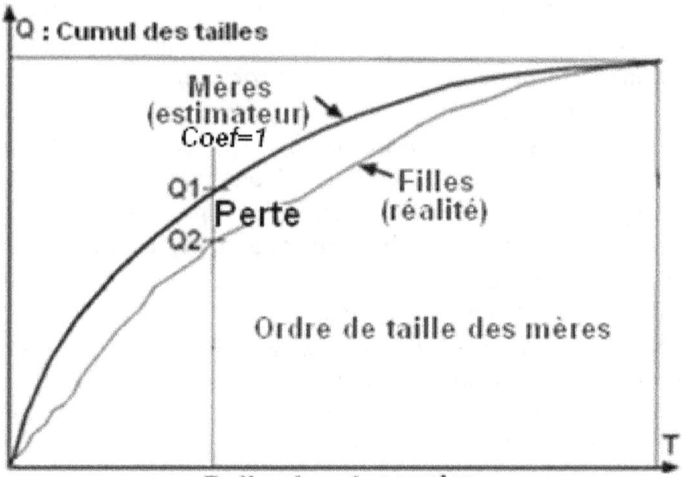

Figure 38 : Sélection des filles en espace Q/T

On classe les filles par ordre décroissant de la taille de leur mère qui est la seule variable informante. Ce classement est indépendant de la fonction d'estimation recherche et du paramètre *Coef.*

Puis, on construit deux courbes fondées sur ce classement :

- *Pour la courbe 1*, nous considérons que le meilleur estimateur de la taille des filles était la taille de leur mère. C'est une sélection parfaite correspondant à *Coef=1* dans la fonction d'estimation. Q1 est alors égal la somme des tailles des mères. La courbe 1 est croissante et convexe.

- *Sur la courbe 2*, on constate sur le modèle que ce n'est pas vrai puisque Q2, somme des tailles adultes réelles des filles, est toujours inférieur à Q1. La courbe 2 est croissante mais non convexe. Elle représente le résultat réel des sélections des filles par la taille de leurs mères. La courbe 2 intègre les erreurs de sélection à l'inverse de la courbe 1.

La taille de la mère est donc un mauvais estimateur de la taille adulte de sa fille car il n'intègre pas la régression, c'est-à-dire la perte économique due aux erreurs de sélection. La courbe construite sur un bon estimateur devrait coïncider approximativement avec la courbe 2 qui donne les résultats réels de la sélection. *Coef* devrait donc être inférieur à 1 dans la fonction d'estimation : $Taille^{*} = Coef \times (TailleMère - Moyenne) + Moyenne$. Pour obtenir le bon estimateur, il suffit donc juste de choisir la valeur de Coef qui ramène au mieux la courbe de l'estimateur sur la courbe 2. La première est convexe, la seconde ne l'est pas

Sur le principe, nous disposons maintenant d'une *méthode d'estimation* fonctionnant en espace Q/T sur l'exemple de nos vaches. *Nous n'avons pas eu besoin d'un quelconque savoir en statistiques ou en probabilités* pour ce qui est déjà une véritable méthode d'estimation même si elle est très rudimentaire. C'est uniquement parce qu'elle va s'avérer peu commode pour traiter des problèmes plus complexes que nous allons devoir l'abandonner un peu plus loin au profit de la *pratique des probabilités.*

Cette *méthode d'estimation* pourrait être extrapolée à une *variable informante composite*, c'est-à-dire à une combinaison de variables informantes optimisant la sélection. Nous avions vu dans le chapitre précédent (§5.4 / alinéa : Les variables composites) comment choisir la meilleure combinaison de variables informantes en espace Q/T. En associant cette méthode de sélection avec notre méthode de régression, on obtiendrait une méthode d'estimation à plusieurs variables.

De cette *méthode d'estimation en espace Q/T*, nous pouvons tirer 3 conclusions essentielles pour la suite :

1. Une méthode d'estimation relève d'une *recherche méthodologique sur modèle*. Elle est réfutable, objective et, par nature, n'a rien de probabiliste. Elle est validée à postériori par son efficacité et non a priori par une théorie. Elle s'améliore au gré des échecs.
2. Une méthode d'estimation *vise à pallier la pénurie de données* afférente au *conditionnement ponctuel*. Elle reproduit la perte due aux erreurs de sélection en faisant régresser par calcul la variable informante vers la moyenne.
3. Une méthode d'estimation recherche a *fonction d'estimation en lui imposant la contrainte de restituer le mieux possible le conditionnement du modèle* à toutes les coupures.

Mais, cette *méthode d'estimation en espace Q/T* ne pourra jamais devenir opérationnelle car elle impose d'ajuster « à l'œil » des courbes d'allures différentes qui peuvent se croiser. Or, c'est parfaitement irréalisable en pratique. C'est pourquoi nous allons abandonner cette voie de recherche qui nous mènerait à une impasse. A la place, nous aurons recours à la *pratique des probabilités* pour laquelle la forme et le critère de recherche de la *fonction d'estimation* sont inspirés par des *modèles probabilistes.*

✛ L'estimation en théorie des probabilités

Dans la foulée de F Galton (1822-1911) et K Pearson (1857-1936), des mathématiciens ont imaginé des modèles théoriques sur les postulats de la *théorie des probabilités.* Ces *modèles probabilistes* permettent de caractériser des *distributions conditionnelles théoriques* à l'aide de divers formalismes. Les formalismes probabilistes sont souvent paramétrables et certains paramètres ont leur équivalent dans le monde réel : moyennes, variances, corrélations, etc...

Les objectivistes prétendent décrire une réalité cachée via l'*inférence statistique*, c'est-à-dire en paramétrant des *modèles probabilistes* par ces équivalents calculés sur des ensembles réels de données. Nous laissons aux objectivistes la responsabilité de ce pari qui est dépourvu d'objectivité et qui relève donc de la croyance (Voir : Chapitre 3 – LA CROYANCE).

Il est vrai que certains *modèles probabilistes* reproduisent assez bien des effets de régression similaires à ceux observés dans le monde réel. Mais, notre rejet de l'*inférence statistique* nous interdit de substituer un *modèle probabiliste* à la réalité pour profiter du formalisme associé. A l'instar de n'importe quel *modèle théorique*, un *modèle probabiliste* ne fera que nous *inspirer des méthodes d'estimation* qu'il faudra ensuite développer et tester dans le monde réel.

La Théorie de Probabilités abrite un grand nombre de *modèles probabilistes.* Nous n'évoquerons que deux modèles très courants : le *modèle normal* et le *modèle log-normal.*

Le modèle normal (gaussien) : La loi normale à une variable est une distribution de probabilités continue « en forme de cloche symétrique ». L'espérance se situe au sommet de la cloche. La variance traduit l'ouverture de la cloche.

Le modèle normal doit son succès au *formalisme linéaire de la loi normale à deux variables.* Pour faciliter la représentation sur un nuage de points (Voir figure ci-dessous), ces variables sont centrées sur une moyenne commune et normées par l'écart-type. L'espérance conditionnelle est portée par une droite passant par la moyenne et dont la pente est égale au coefficient de corrélation. Le formalisme de la loi normale à deux variables repose donc sur 5 paramètres théoriques : la moyenne et la variance de chacune des deux variables et le coefficient de corrélation.

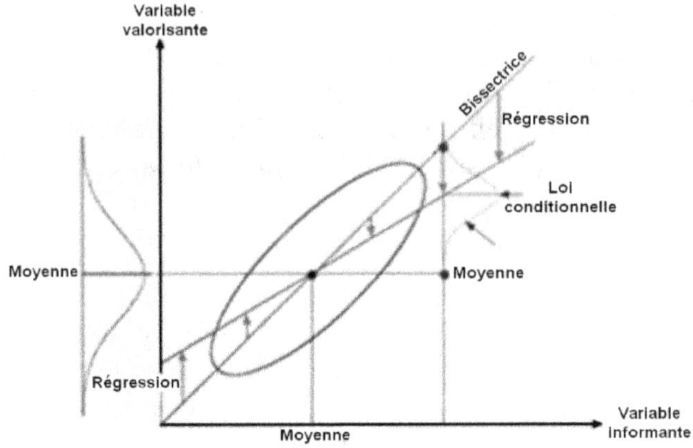

Figure 39: Loi normale à deux variables

Ces 5 paramètres ont leurs équivalents réels sur tous les ensembles d'objets munis de deux variables. Le calcul des moyennes et des variances a déjà été évoqué dans le chapitre précédent. Le *coefficient de corrélation*, juste présenté intuitivement comme la tendance à varier ensemble de deux variables, est également calculable sur des couples de réalisations réelles. Il est égal à 0 en l'absence de corrélation et à 1 pour la stricte égalité entre les deux variables. Pour une forme linéaire de la fonction d'estimation, il serait aussi égal au facteur *Coef* reproduisant le mieux la régression en espace Q/T.

Le modèle gaussien décrit de façon parfaitement théorique la régression vers la moyenne. Si la corrélation est forte, l'espérance conditionnelle tend à se rapprocher de la bissectrice. Si la corrélation est faible, l'espérance conditionnelle régresse vers l'horizontale, c'est-à-dire la moyenne. La variance des lois conditionnelles est constante. Le lien très fort entre le modèle normal et la linéarité de la fonction d'estimation *confère insidieusement au modèle normal un caractère général qu'il n'a pas.*

Le modèle log-normal : La variable aléatoire est log-normale si son logarithme est distribué selon une loi normale. L'histogramme d'une *loi log-normale à une variable* est très dissymétrique. Les faibles valeurs sont fortement représentées et les fortes valeurs beaucoup plus rares. Un couple de variables est log-normal si le couple de logarithmes est distribué selon une loi normale à deux variables. Les nuages de points montrent alors une amplification de la dispersion aux valeurs fortes.

Les distributions conditionnelles sont également log-normales. L'espérance conditionnelle est portée par une *branche parabolique* amplifiant l'effet de régression aux fortes valeurs. La variance des lois conditionnelles s'accroit proportionnellement au carré de leur moyenne.

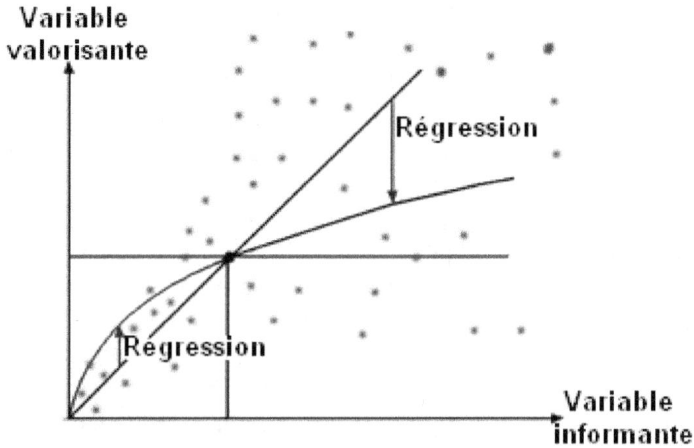

Figure 40: Loi log-normale à 2 variables

Les modèles log-normaux décrivent assez bien des couples de teneurs sur des *gisements à basse teneur* (Cuivre, uranium, etc.) pour lesquels les zones les plus riches sont aussi celles présentant les plus fortes variabilités. En amplifiant la régression aux fortes teneurs, la branche parabolique, qui porte l'espérance conditionnelle, réduit l'effet des teneurs informantes exceptionnelles en tenant ainsi compte de leur rareté.

L'estimation en pratique des probabilités

Récapitulatif : Avant de basculer sur la *pratique des probabilités*, récapitulons l'évolution de nos idées depuis qu'il est question d'estimation :

1- Le but est d'estimer une variable inconnue (Ex : teneur) sachant la réalisation d'une variable informante (Ex : radioactivité). Le meilleur estimateur serait la *moyenne de la variable inconnue dans un intervalle très étroit* encadrant la réalisation de la variable informante.

2- Hélas, un tel intervalle est trop étroit pour contenir assez d'objets. Pour pallier ce handicap, nous allons exploiter *la continuité du nuage de points* formé par les couples de variables du modèle en ajustant une *fonction d'estimation* sur ce nuage.

3- Pour ce faire, nous avons imaginé d'imposer à une *fonction d'estimation linéaire* de *reproduire les courbes Q/T décrivant notre modèle*. Cette fonction d'estimation intègre ainsi la perte due aux erreurs de sélection et optimise les sélections dans les cas à plusieurs variables informantes.

4- Mais, cette méthode d'estimation en espace Q/T ne peut devenir opérationnelle car elle impose de comparer en espace Q/T des courbes qui peuvent se croiser. Cette voie de recherche a donc été abandonnée et remplacée par la *pratique des probabilités*.

La pratique des probabilités va s'inspirer de la théorie des probabilités. Nous avons vu que la moyenne était toujours le *barycentre* d'une population. La moyenne des écarts quadratiques à la moyenne est donc toujours minimale sur toute distribution réelle ou théorique. L'espérance conditionnelle calculable selon le formalisme associé à tout modèle probabiliste possède cette propriété et possède, *en plus, la propriété purement théorique d'être l'estimateur idéal au sens de la sélection à n'importe quelle coupure*. Dans un monde théorique, elle respecte donc le « *non-biais conditionnel* ».

Avec la pratique des probabilités, le critère de recherche de la fonction d'estimation ne sera plus *directement* fondé sur la restitution des effets des sélections en espace Q/T. Pour des raisons de commodité, nous utiliserons à la place le *critère indirect par moindres carrés*. Autrement dit, nous ferons l'hypothèse qu'en respectant la propriété par moindres carrés, notre fonction d'estimation respectera à peu près le « *non-biais conditionnel* » à l'instar d'espérances conditionnelles théoriques.

A l'inverse de méthodes de recalage de la fonction sur les sélections en espace Q/T, la *pratique des probabilités* ne garantit pas un strict « non biais conditionnel ». C'est pour cette raison que les courbes Q/T restent parfois utilisées pour le contrôle à postériori de la réserve sur les exploitations minières.

En *pratique des probabilités*, la recherche d'une *fonction d'estimation* sur une population modèle se décompose en 3 étapes :

- *1ière étape* : *Choix d'une forme générale* paramétrable pour la fonction d'estimation. On choisira *a priori* une forme qui permet de se rapprocher de l'espérance conditionnelle dans le cadre d'un modèle probabiliste ressemblant au modèle réel. Mais, si ça semble supportable, on adoptera une *forme générale linéaire* pour tirer avantage d'un formalisme linéaire très commode.
- *2ième étape* : *Paramétrage de cette fonction.* Pour ce faire, on minimisera sur le modèle la *moyenne des écarts quadratiques* entre cette fonction d'estimation et les réalisations de la variable valorisante. Ce critère, dit des « *moindres carrés* », s'appuie sur la propriété de la moyenne d'être au barycentre de toute distribution.
- *3ième étape* : *Validation à postériori de la méthode* sur divers cas réels. *Une méthode d'estimation ne bénéficie jamais d'une onction théorique a priori*. Elle ne vaut rien sans le *constat à postériori de son efficacité* au regard de l'objectif qui lui est assigné. Le recherche d'une méthode d'estimation requiert de nombreux essais sur des cas réels couvrant un large spectre de problèmes.

En *pratique des probabilités,* une méthode d'estimation est donc à la fois objective, monoscopique, indirecte et injustifiable a priori :

- Elle est *objective* car elle a recours à des fonctions d'estimation réfutables qui existent réellement sur des ensembles d'objets connus.

- Elle est *monoscopique* car les méthodes sont conçues pour répondre à un objectif fixé pourvu d'un domaine de validité.
- Elle est *indirecte* car, à l'inverse d'une méthode en espace Q/T, elle utilise un *critère indirect* qui ne garantit pas le « *non-biais conditionnel* ».
- Elle est *injustifiable a priori* car elle dépend de choix méthodologiques arbitraires. Elle doit donc être validée a posteriori sur des cas réels.

La *pratique des probabilités* est réellement née dans les années 50 avec la théorie de la variable régionalisée de G Matheron, c'est-à-dire *l'estimation dans l'espace*. C'est uniquement pour faciliter notre exposé que nous y avons rattaché la *régression linéaire* née bien plus tôt à la fin du 19ième siècle dans un contexte plus objectiviste.

La régression linéaire à une variable

Toujours sur l'exemple de la taille des vaches et comme nous l'avons fait pour notre essai en espace Q/T, nous rechercherons notre fonction d'estimation sous la forme linéaire d'une droite passant par la moyenne et paramétrée par sa pente :

$$Taille^{*} = Coef \times (TailleMère - Moyenne) + Moyenne$$

La moyenne étant connue, la seule inconnue est la pente *Coef* comprise entre 0 et 1 qui fixe l'intensité de la régression.

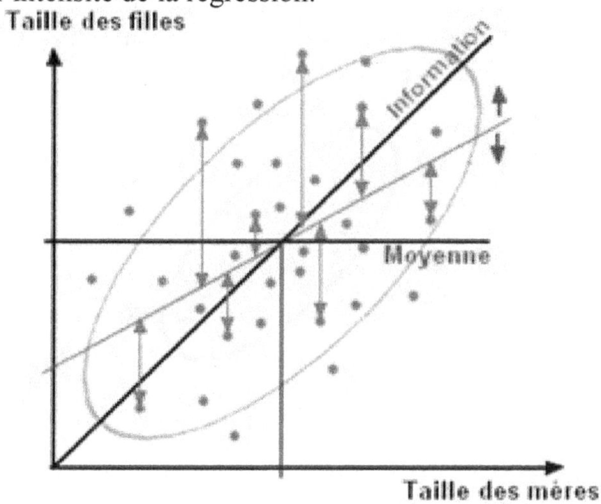

Figure 41 : Régression linéaire par itérations

Il suffit donc de faire varier la pente *Coef* de droites passant par la moyenne. On calcule la moyenne des écarts quadratiques entre la taille réelle de la fille et chaque droite de pente *Coef.* On retient la droite pour laquelle cet écart quadratique moyen est minimal.

Cette *droite dite de régression* est la *fonction d'estimation* recherchée, c'est-à-dire celle qui reproduit le mieux l'effet de régression afférent au nuage de points. Le recours à la pratique des probabilités a simplement modifié le critère d'estimation. *La minimisation de l'écart entre courbes en espace Q/T a été remplacée par la minimisation d'un écart quadratique moyen sur nuage de points.*

L'optimisation d'une fonction d'estimation linéaire sur un modèle est d'une grande simplicité. Les calculs itératifs sur différentes pentes pourraient être effectués par un ordinateur sans le moindre recours à un quelconque formalisme. On peut donc comprendre la pratique des probabilités sans connaissances en mathématique et en s'épargnant la lecture de ce qui suit.

Il existe un formalisme, propre aux fonctions linéaires, permettant d'ajuster par moindres carrés une droite au sein d'un nuage de points. Ce formalisme de « régression linéaire », trouve directement la pente qui minimise l'écart entre la droite d'estimation et les couples connus. Pour l'obtenir, il suffit d'écrire formellement l'écart quadratique moyen et de le minimiser en le dérivant par rapport à la pente qui est l'inconnue.

Calcul de la pente d'une droite de régression

Soit *X* la VA informante (Ex : tailles de la mère)

Soit *Y* la VA valorisante (Ex : tailles de la fille)

Les réalisations *xi* et *yi* ont été préalablement centrées et normées par la moyenne et l'écart-type de la population. La droite passe donc par la moyenne et a pour équation : $y = A.x$. Pour chaque couple, nous disposons de la réalisation de la VA valorisable *xi*, d'une réalisation de l'estimateur A. *xi*. Nous pouvons donc écrire l'écart quadratique moyen Δ^2 sur tous les couples i.

$$\Delta^2 = \frac{1}{n}\sum_{i=1}^{n}(yi - A.xi)^2 = \frac{1}{n}\sum_{i=1}^{n} yi^2 + A^2.\frac{1}{n}\sum_{i=1}^{n} xi^2 - 2\ .A.\frac{1}{n}\sum_{i=1}^{n} yi.xi$$

Or, $\frac{1}{n}\sum_{i=1}^{n} xi^2 = \frac{1}{n}\sum_{i=1}^{n} xi^2 = 1$ en tant que variance de variables normées.

$$\Delta^2 = 1 + A^2 - 2.A.\frac{1}{n}\sum_{i=1}^{n} yi.xi$$

On dérive Δ^2 par rapport à A et on l'identifie à 0 :

$$2.A - 2.\frac{1}{n}\sum_{i=1}^{n} yi.xi = 0 \quad => A = \frac{1}{n}\sum_{i=1}^{n} yi.xi = \rho$$

La pente de la droite de régression est le coefficient de corrélation ρ qui décrit le nuage de points. Il traduit la tendance de deux variables à « varier ensemble » et mesure donc leur ressemblance. Il est égal à la somme des produits des variables centrées et normées. Quand les deux variables sont identiques, le coefficient de corrélation est égal à 1. Quand les deux variables sont totalement indépendantes, le coefficient de corrélation est égal à 0.

En statistique « objectiviste », l'adoption d'un modèle gaussien aurait conduit exactement à la même droite de régression via le même formalisme. Mais, le calcul statistique est justifié a priori par des tests conduisant à une inférence statistique gaussienne. En revanche, la pratique des probabilités repose sur une validation à postériori de la même méthode par son efficacité dans un contexte monoscopique éprouvé. La recherche de la fonction d'estimation relève donc bien de la recherche méthodologique et non d'un traitement statistique même si elle en partage le formalisme dans le cas gaussien.

Pour une *distribution d'allure log-normale* présentant des histogrammes dissymétriques et des nuages de points en éventail la divergence entre les deux approches est plus marquée. Après avoir légitimé a priori un modèle log-normal, un calcul statistique « objectiviste » nous aurait conduits à utiliser le formalisme gaussien pour calculer l'espérance et la variance conditionnelle sur les logarithmes à partir desquels on remonte formellement à l'espérance conditionnelle sur la variable brute. Ce calcul sera faux si l'acte de foi en la log-normalité s'avère injustifié. En effet, minimiser des écarts quadratiques sur logarithmes n'équivaut pas à les minimiser sur la variable brute.

La pratique des probabilités, nous conduirait simplement à ajuster par moindres carrés un *arc de parabole* sur le nuage de points. Il s'agit alors d'une estimation non linéaire. Des fonctions d'estimation non linéaires (krigeage disjonctif) sont utilisées pour certaines méthodes d'estimation dans l'espace comme nous le verrons dans l'annexe consacrée à la Géostatistique théorique.

✦ **La régression linéaire à plusieurs variables**

Le formalisme de la régression linéaire se généralise aisément au cas d'une fonction d'estimation linéaire incluant plusieurs variables informantes comme, par exemple, la taille de la mère, celle du père, de la grand-mère, du grand-père, etc. A l'inverse de l'approche de l'estimation en espace Q/T, la pratique des probabilités n'impose pas de dissocier l'optimisation d'une variable informante composite et la prise en compte des pertes de sélection.

La minimisation de l'écart quadratique moyen passe alors par la formation d'un système d'équations aux dérivées partielles selon les différents pondérateurs de la fonction d'estimation (Voir encadré ci-dessous).

Régression linéaire avec 2 informations

Soit *X, Y* les VA informantes (Ex : tailles de la mère, du père)

Soit *Z* la VA valorisante (Ex : taille de la fille).

Les réalisations *xi, yi, zi* ont été préalablement centrées et normées par la moyenne et l'écart-type de la population. Le plan passe donc par la moyenne et a pour équation : $z = A.x + B.y$. Pour chaque couple, nous disposons de la réalisation de la VA valorisable *zi*, d'une réalisation de l'estimateur A. *xi* + *B. yi*. Nous pouvons donc écrire l'écart quadratique moyen Δ^2 sur tous les couples i.

$$\Delta^2 = \frac{1}{n}\sum_{i=1}^{n}(zi - A.xi - B.yi)^2$$

L'écart quadratique moyen Δ^2 est développé algébriquement. Ce développement fait apparaitre un polynôme de degré 2 pour les inconnues A et B. Les coefficients de ce polynôme sont les coefficients de corrélation : ρ*XY*, ρ*XZ*, ρ*YZ*. Pour trouver les valeurs d'A et B qui minimisent Δ^2 , il suffit simplement :

- De dériver par rapport à A et d'identifier la dérivée à 0.
- De dériver par rapport à B et d'identifier la dérivée à 0.
- De résoudre le système à deux équations ainsi posées.

La résolution du système d'équations nous fournit les deux pondérateurs A et B, c'est-à-dire la fonction d'estimation cherchée.

L'objectivité des méthodes d'estimation

Dans l'exemple de l'estimation de la taille adulte d'une génisse par la taille de sa mère, la fonction d'estimation est ajustée sur les nuages de points issus des générations passées. Or, rien ne garantit que la taille des populations reste stable au cours du temps.

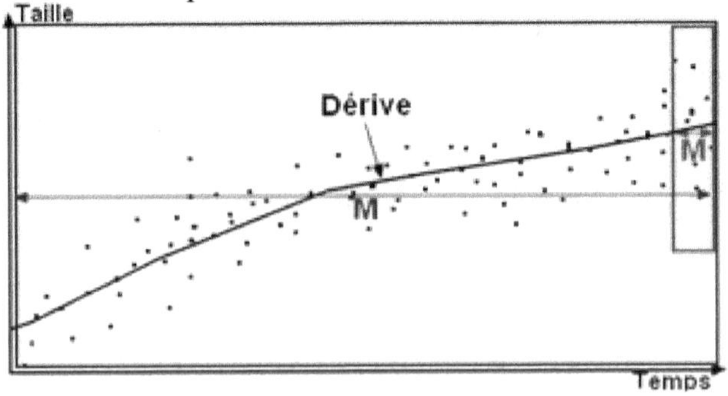

Figure 42 : Extrapolation d'une dérive

Ainsi, sur la figure ci-dessus, on a imaginé une dérive dans le temps pour la moyenne, paramètre crucial de la régression :

- La moyenne calculée sur un espace de temps large va surestimer l'incertitude et par conséquent la régression.
- La moyenne est plus satisfaisante mais le nombre de couples formant le modèle risque d'être trop faible.

On pourrait néanmoins faire une régression sur les résidus par rapport à une dérive ajustée sur ces données. Mais, nous ne serions pas sortis d'affaire puisque cette dérive ajustée sur le passé ne s'extrapolera pas forcément dans l'avenir.

La série des vaches étant une série temporelle, *la population modèle est inférée par induction*, c'est-à-dire via un pari extrapolant le passé sur l'avenir. La méthode d'estimation est bien objective puisque la distribution prise en modèle est réfutable. Il s'agit d'une *objectivité externe* car la réfutation nait d'un événement naturel imprévisible. Le praticien doit assumer les risques afférents à l'induction, détecter les dérives du modèle et corriger les méthodes aussitôt que possible.

Pour la série des boulders, le problème est très différent, car la population modèle est échantillonnée sur un objet unique qui s'inscrit dans l'espace, le gisement. La méthode d'estimation est également objective puisque la distribution prise en modèle est réfutable. Mais, il s'agit d'une *objectivité interne*. A condition d'y mettre le prix, le praticien peut alors contrôler le risque de réfutation en densifiant la reconnaissance du gisement.

6.3 L'estimation dans l'espace

Sélection sur un gisement en tout ou rien

Pour imaginer l'estimation dans l'espace, nous partirons simplement de l'idée intuitive que les teneurs portées par deux points du sol auront d'autant plus tendance à se ressembler que ces deux points sont proches. En première approximation, on peut donc penser que pour estimer un point inconnu du sous-sol, il serait logique d'attribuer un poids plus fort aux informations proches qu'aux informations éloignées.

Pour illustrer cette intuition probabiliste, nous allons prendre l'exemple d'un gisement en tout ou rien, c'est-à-dire formé de plages minéralisées à 100% et de plages stériles à 0%. Il est reconnu par 8 sondages parmi lesquels 2 sondages minéralisés à 100% et 6 sondages stériles à 0%.

Les *contours réels de ce gisement sont inconnus* car la minéralisation est *invisible* et ne peut donc être identifiée que par une analyse. Néanmoins, nous les avons représentés pour les besoins de l'exposé. Imaginons que le praticien soit chargé de tracer les *contours à exploiter*, c'est-à-dire les contours qu'il *croit* être ceux du gisement, à partir des résultats en sondage (Voir figure ci-dessous).

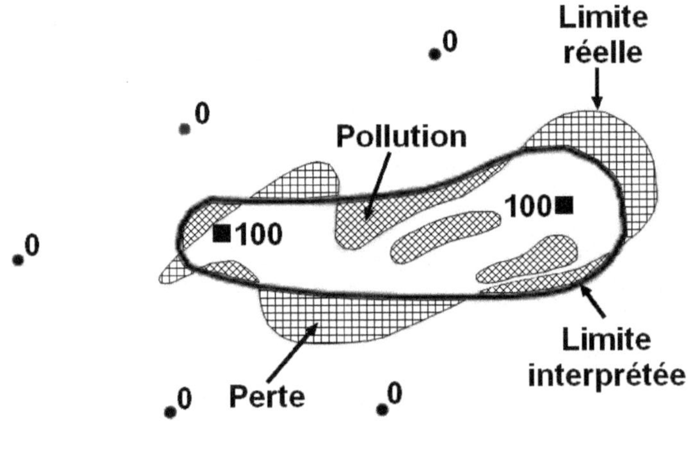

Figure 43 : Gisement en tout ou rien

L'exploitant découpera le sous-sol à l'aveugle selon les limites interprétées par le praticien et s'attend légitimement à n'y trouver que du minerai à 100%. Il sera forcément déçu car le volume défini par ces limites sera pollué par des enclaves stériles qui dégradent la teneur. Or, cette dégradation est impossible à prendre en compte par un dessin géométrique. Il y aura forcément parmi les points sélectionnés, des points dont la teneur sera de 0% au lieu des 100% souhaités. La teneur moyenne de la sélection de points à extraire sera toujours inférieure à la teneur de 100% attribuée à tort au contour imparfait dessiné.

La seule façon d'intégrer l'erreur de sélection sur les points, est de suivre notre *intuition probabiliste* en affectant à chaque point du gisement non plus la certitude qu'il soit stérile ou minéralisé mais la probabilité qu'il le soit, c'est-à-dire l'espérance de la teneur en « tout ou rien ». On obtiendrait ainsi une représentation du gisement en courbes iso-probabilité. Une telle représentation aurait bien pour effet d'intégrer les effets des erreurs de sélection sur toute surface découpant le gisement (Voir figure ci-dessous).

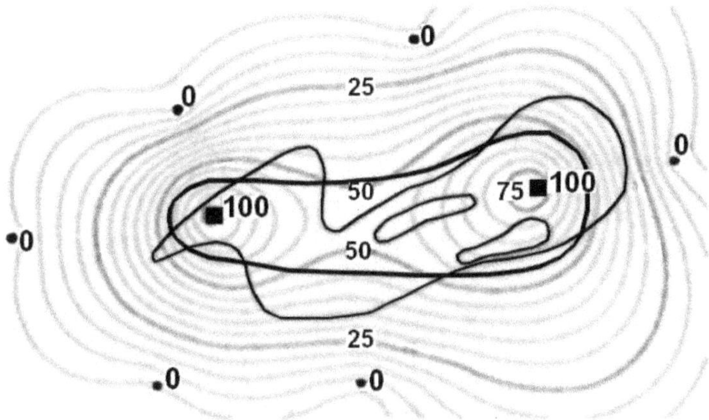

Figure 44 : Interprétation probabiliste du gisement

Cet exemple, très caricatural, ne nous dit pas comment tracer cette représentation probabiliste qui n'a d'ailleurs rien d'objectif. Mais, il nous montre que seule ce type de représentation peut intégrer les effets d'un découpage du gisement. *Il pose d'emblée le problème de la sélection de points dans l'espace comme celui de la sélection d'objets imparfaitement connus dans le temps*. Le but n'est pas de deviner le gisement mais d'optimiser sa sélection, c'est-à-dire son découpage, et de prédire les résultats de ce découpage. Le découpage dans l'espace relève donc de la *pratique des probabilités* telle qu'esquissée précédemment.

Estimation à partir d'un modèle externe

En suivant notre intuition topo-probabiliste, nous pourrions imaginer une méthode d'estimation en 3 points :

- *Affectation d'une variable aléatoire « teneur »* à chaque point du gisement. Cette variable est réalisée sur les sondages et non encore réalisée sur tous les autres points. Plus deux points sont éloignés moins leurs teneurs sont corrélées.
- *Définition d'une fonction d'estimation* sur chaque point inconnu porteur d'une variable non réalisée. Cette fonction pourrait être une simple moyenne pondérée des teneurs réalisées des sondages avoisinants.

- *Optimisation de la fonction d'estimation* par minimisation de l'écart quadratique moyen sur les données d'un modèle qui reste à définir.

Considérons une configuration d'estimation bâtie sur 5 sondages numérotés de 1 à 5 informant un point estimé 0 (Voir schéma ci-dessous). L'estimateur du point 0, noté T_0^*, devrait être une fonction des 5 teneurs informantes et de la moyenne du gisement, dite fonction d'estimation.

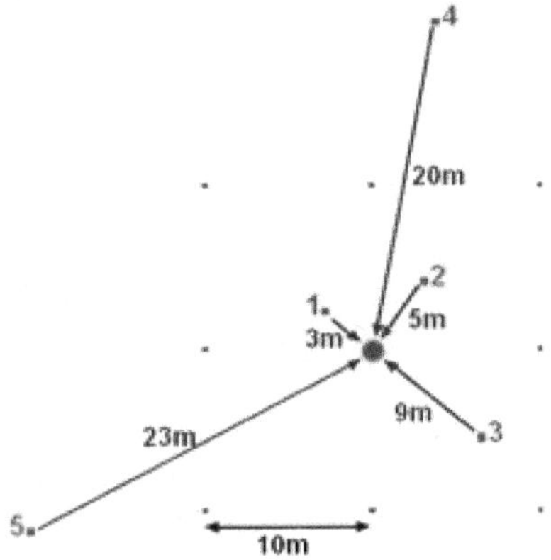

Figure 45 : Configuration d'estimation

Par commodité, nous choisissons une fonction d'estimation linéaire, c'est-à-dire une moyenne pondérée des teneurs en sondage :

$$T_0^* = \lambda_1 \cdot T_1 + \lambda_2 \cdot T_2 + \lambda_3 \cdot T_3 + \lambda_4 \cdot T_4 + \lambda_5 \cdot T_5$$

Ce faisant, nous décidons d'oublier la moyenne globale du gisement qui nous semble dépourvue de sens sur un gisement. La composante aléatoire de l'estimation n'est plus représentée par une moyenne globale mais une moyenne locale inconnue implicitement contenue dans les informations du voisinage. L'estimation engendra une régression vers cette moyenne locale implicite et non vers la moyenne globale. La *régression* devient un *lissage*. L'objectif de l'estimation est donc de calculer les 5 pondérateurs inconnus $\lambda_1, \lambda_2, \lambda_3, \lambda_4, \lambda_5$ en suivant notre intuition probabiliste.

D'abord, nous pouvons imaginer que *deux points du gisement ont d'autant plus de chances de se ressembler qu'ils sont proches l'un de l'autre*. Pour un point inconnu, la probabilité d'être minéralisé sera plus forte près de sondages minéralisés que près de sondages stériles. Les poids attribués aux sondages dans la fonction d'estimation d'un point inconnu devraient donc décroitre avec la distance aux sondages.

Ensuite, nous pouvons imaginer que *la ressemblance entre deux points ne décroitra pas de la même façon avec la distance sur tous les gisements*. Sur un gisement « pépitique » sujet à des écarts de teneur brutaux aux faibles distances le lissage par la composante aléatoire devrait être plus fort que sur un gisement régulier.

- **Le choix de la fonction d'estimation**

Nous sommes censés disposer d'une zone du gisement déjà exploitée représentative du gisement restant à extraire et connue en tous ses points. Cette zone exploitée est le *modèle* qui nous servira de banc d'essai pour tester des fonctions d'estimation. Cette déconnexion du modèle et de la zone d'utilisation rejoint *l'objectivité externe* alors que la pratique des probabilités dans l'espace relève de *l'objectivité interne*. Mais, il ne s'agit que d'une étape pour faciliter la transition avec la pratique des probabilités présentée jusqu'à présent. Nous renouerons avec *l'objectivité interne* plus tard.

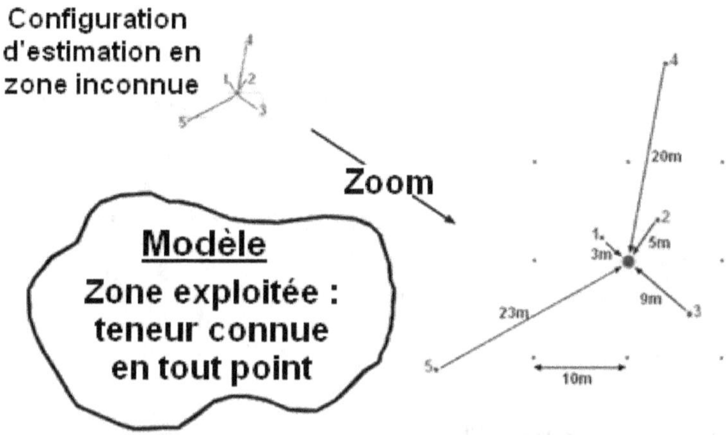

Figure 46 : Modèle externe et configuration

Nous avons représenté sur le schéma ci-dessus notre modèle externe, c'est-à-dire la zone du gisement déjà exploitée située à l'écart de la configuration d'estimation à tester. Nous pouvons calculer la teneur moyenne de ce modèle par « balayage ». Il suffit de couvrir la zone par une grille régulière très fine, de lire la teneur à chaque nœud de cette grille et de faire la moyenne des teneurs ainsi lues. On procède exactement de la même façon pour tester une fonction d'estimation, c'est-à-dire une moyenne pondérée par 5 pondérateurs $\lambda_1, \lambda_2, \lambda_3, \lambda_4, \lambda_5$ choisis a priori :

$$T_0^* = \lambda_1 \cdot T_1 + \lambda_2 \cdot T_2 + \lambda_3 \cdot T_3 + \lambda_4 \cdot T_4 + \lambda_5 \cdot T_5$$

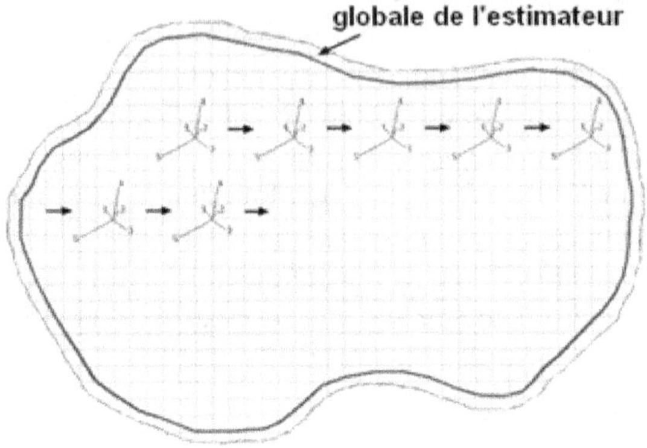

Figure 47 : Balayage du modèle par la configuration

On positionne notre configuration d'estimation sur chaque nœud de la grille. Pour chaque position, on peut lire la teneur au point 0 : T_0 et les teneurs aux emplacements des 5 sondages : T_1 , T_2, T_3 , T_4 , T_5 .

On peut donc y calculer la teneur estimée par le jeu de pondérateur testé : T_0^* et l'écart quadratique avec la teneur au point 0 : $T_0^* - T_0$. La moyenne de ces écarts quadratiques après le balayage complet de la grille :

$$\Delta = Moy\ (T_0^* - T_0\ )^2$$

caractérise chaque fonction d'estimation donnée par un jeu de pondérateur $\lambda_1, \lambda_2, \lambda_3, \lambda_4, \lambda_5$. La *fonction d'estimation* optimale sera celle pour laquelle cette moyenne des écarts quadratiques est la plus faible.

Sur le principe, nous venons de définir une méthode d'estimation. Mais, cette dernière est encore imparfaite. En effet, s'il parait légitime de ne pas faire intervenir la moyenne globale du gisement, il est néanmoins indispensable de veiller à la cohérence globale des estimations locales en imposant que la moyenne des estimateurs soit égale à la moyenne des teneurs réelles sur le modèle :

$$Moy\ (T_0^*) = Moy(T_0).$$

C'est la condition dite de non-biais global qu'on peut développer ainsi : $\lambda_1 \cdot Moy(T_1) + \lambda_2 \cdot Moy(T_2) + \lambda_3 \cdot Moy(T_3) + \lambda_4 \cdot Moy(T_4) + \lambda_5 \cdot Moy(T_5) = Moy\ (T_0)$. Or, lors du balayage par la configuration de krigeage, les 5 points de sondages et le point estimé 0 finissent par occuper tous les points de la zone exploitée prise en modèle. De ce fait, les moyennes $Moy(T_1), Moy(T_2), Moy(T_3), Moy(T_4), Moy(T_5)\ et\ Moy\ (T_0)$ sont toutes identiques. La condition de non-biais global devient donc :

$$\lambda_1 + \lambda_2 + \lambda_3 + \lambda_4 + \lambda_5 = 1.$$

Mais, cette simplification n'est admissible que si la configuration de krigeage est petite par rapport à la taille du gisement. Dans le cas contraire, on ne pourrait négliger les effets de bordure (Voir couronne autour de la zone exploitée) qui remettent en cause l'égalité des moyennes pour les différents points de la configuration.

Les méthodes empiriques d'estimation

Parmi les jeux de pondérateurs dont la somme est égale à 1, il reste à trouver le meilleur, c'est-à-dire celui qui minimise la moyenne des écarts quadratiques entre teneurs réelles et teneurs estimées : $\Delta = Moy\ (T_0^* - T_0\ )^2$ obtenue par balayage du modèle. Pour restreindre la recherche, nous nous laisserons guider par notre intuition probabiliste qui nous suggère que les teneurs sur deux points proches sont plus corrélées que les teneurs sur deux points éloignés. De ce fait, plus un sondage sera près du point à estimer, plus son pondérateur devra être fort.

Nous allons faire appel à des fonctions décroissantes de la distance séparant chaque sondage du point à estimer. Selon la fonction choisie, la décroissance sera plus ou moins rapide et l'estimation plus ou moins lissante.

Inverse des distances

Impact	Distance	Invers-Dist	Coef
1	3	0.333	45.17%
2	5	0.200	27.10%
3	9	0.111	15.06%
4	20	0.050	6.78%
5	23	0.043	5.89%
		0.738	100.00%

Inverse des carrés des distances

Impact	Distance	Invers-Dist_2	Coef
1	3	0.111	66.20%
2	5	0.040	23.83%
3	9	0.012	7.36%
4	20	0.003	1.49%
5	23	0.002	1.13%
		0.168	100.00%

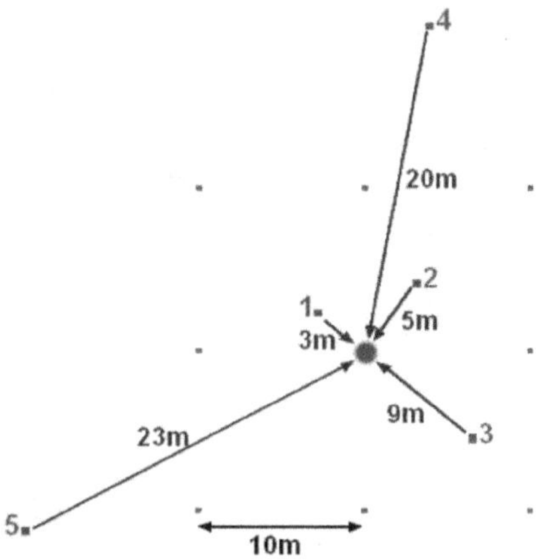

Dans le schéma ci-dessus, nous calculons deux jeux de pondérateurs en fonction inverse de la distance. Ces deux jeux de pondérateurs sont normés à 1 pour respecter le non-biais global :

- Le premier est calculé par *inverse des distances* : $\lambda_1 = 0.4517$, $\lambda_2 = 0.2710$, $\lambda_3 = 0.1506$, $\lambda_4 = 0.0678$, $\lambda_5 = 0.0589$
- Le second est calculé par *inverse des carrés des distances* : $\lambda_1 = 0.6620$, $\lambda_2 = 0.2383$, $\lambda_3 = 0.0736$, $\lambda_4 = 0.0149$, $\lambda_5 = 0.0113$

Le premier jeu de pondérateurs est *très lissant* puisque le poids se répand loin dans la configuration. Il est bien adapté à un *gisement pépitique* puisqu'il privilégie la *composante aléatoire* de l'estimateur. Le second est *peu lissant* puisque l'essentiel du poids se concentre sur les deux sondages les plus proches. Il est bien adapté à un *gisement régulier* pour lequel il vaut mieux privilégier la *composante structurée* de l'estimation.

On teste alors chacun des deux jeux de pondérateurs par balayage sur une grille régulière couvrant le modèle. Sur chaque nœud de la grille :

1. On lit la teneur T_0 au nœud de cette grille.
2. On lit les teneurs T_1 à T_5 aux positions des 5 sondages.
3. On reconstitue l'estimateur :

$$T_0^* = \lambda_1 \cdot T_1 + \lambda_2 \cdot T_2 + \lambda_3 \cdot T_3 + \lambda_4 \cdot T_4 + \lambda_5 \cdot T_5$$

4. On calcule et on mémorise l'écart quadratique $(T_0^* - T_0)^2$

Quand l'opération est terminée, on fait la moyenne des écarts quadratiques calculés sur chaque nœud de la grille. Le meilleur des deux jeux de pondérateurs sera celui qui livre l'écart quadratique moyen $\Delta = Moy\ (T_0^* - T_0)^2$ le plus faible sur le modèle.

Des méthodes empiriques fondées sur des fonctions décroissantes de la distance, notamment l'inverse des distances et l'inverse des carrés des distances, ont été utilisées en mine antérieurement à la Géostatistique. Mais, leur choix relevait plus de l'habitude que de la morphologie des gisements. Bien que constituant un honnête point de départ pour l'estimation minière, les méthodes empiriques présentent 3 handicaps :

- *Handicap n°1 : Un calcul des pondérateurs trop figé.* On ne peut pas essayer toutes les fonctions inverses de la distance possibles. De plus, sur des gisements anisotropes, la ressemblance diffère selon les directions.
- *Handicap n°2 : Des redondances géométriques.* Notre méthode ne tient compte que de la distance entre les sondages et le point à estimer. Elle ne gère pas les sondages redondants. Il n'est pas logique que chaque sondage porte 25% du poids dans les deux configurations ci-dessous.

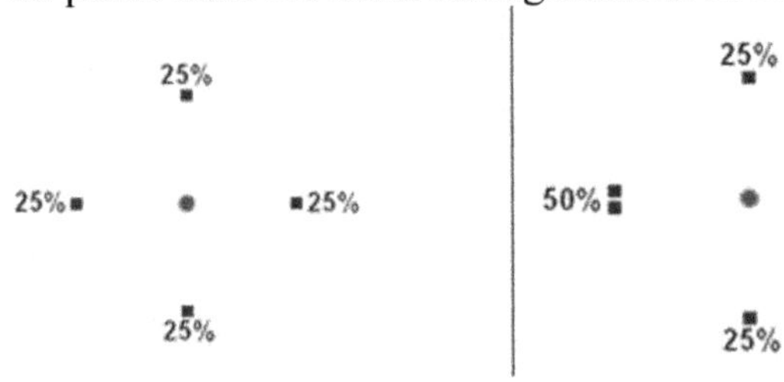

Figure 48 : Handicap de la redondance

- *Handicap n°3 : Un modèle relevant de l'objectivité externe.* Il serait impossible d'estimer un gisement nouveau n'ayant pas encore été partiellement exploité. Et, même si nous disposons d'une zone exploitée, il faut parier sur la représentativité de cette zone en amplifiant ainsi les risques afférents à l'induction.

6.4 La pratique de la Géostatistique

Le krigeage à moyenne inconnue

Pour pallier ces 3 handicaps, G Matheron a développé une méthode permettant d'accéder directement au meilleur jeu de pondérateur. C'est le *krigeage à moyenne inconnue*. A ce stade de l'exposé, nous ferons encore référence à un modèle externe, c'est-à-dire à une zone déjà exploitée. Nous allons donc rechercher formellement le jeu de pondérateurs qui minimise l'écart quadratique moyen : $\Delta = Moy\ (T_0^* - T_0)^2$ sous la condition que la somme des pondérateurs formant T_0^* soit égale à 1.

Nous allons procéder de la façon suivante :

1- On constate que chaque écart quadratique $(T_0^* - T_0)^2$ se décompose facilement sur des écarts quadratiques élémentaires de type $(T_1 - T_2)^2$, $(T_3 - T_2)^2$, $(T_0 - T_2)^2$, etc.

2- Δ se développera donc sur des écarts quadratiques élémentaires moyens qui sont des points de variogramme : $\gamma_{12} = moy(T_1 - T_2)^2$, $\gamma_{32} = moy(T_3 - T_2)^2$, $\gamma_{02} = moy(T_0 - T_2)^2$, etc.

3- Ces points de *variogramme* peuvent être calculés en balayant le modèle

4- On dérive Δ selon les 5 pondérateurs et à formant un système d'équations aux dérivées partielles : le système de krigeage. On peut alors minimiser l'écart quadratique Δ en résolvant un système d'équation aux dérivées partielles sur chacun des pondérateurs inconnus $\lambda_1, \lambda_2, \lambda_3, \lambda_4, \lambda_5$.

5- On résout ce système sous la condition que la somme des pondérateurs soit égale à 1.

Comme pour le calcul de la régression linéaire dans le chapitre précédent, un praticien peut sans inconvénient considérer l'algorithme de krigeage décrit ci-dessus comme une *boîte noire*. Il suffit de retenir que cette *boîte noire* trouve directement le jeu de pondérateurs minimisant l'écart quadratique moyen : $\Delta = Moy\ (T_0^* - T_0)^2$. Elle nous évite de balayer le modèle par la configuration d'estimation pour plusieurs jeux de pondérateurs à tester.

Pour les lecteurs portés sur les mathématiques, l'algorithme du krigeage à moyenne inconnue est décrit dans l'annexe : Géostatistique théorique. *Les autres peuvent s'en épargner la lecture*. La maitrise de ce formalisme n'est pas nécessaire pour pratiquer la géostatistique.

L'estimation du variogramme

De même que l'écart quadratique de la régression linéaire se développe sur des coefficients de corrélation, l'écart quadratique de krigeage se développe sur le variogramme à différentes distances. Il n'est donc plus nécessaire de tester par balayage du modèle exploité une infinité d'écarts quadratiques dépendant de jeux de pondérateurs différents. Il suffit désormais de calculer, une fois pour toutes les écarts quadratiques moyens pour les distances apparaissant dans le système de krigeage : $\gamma_{12} = moy(T_1 - T_2)^2$, $\gamma_{32} = moy(T_3 - T_2)^2$, $\gamma_{02} = moy(T_0 - T_2)^2$, $\gamma_{45} = moy\,(T_4 - T_5)^2$, etc.

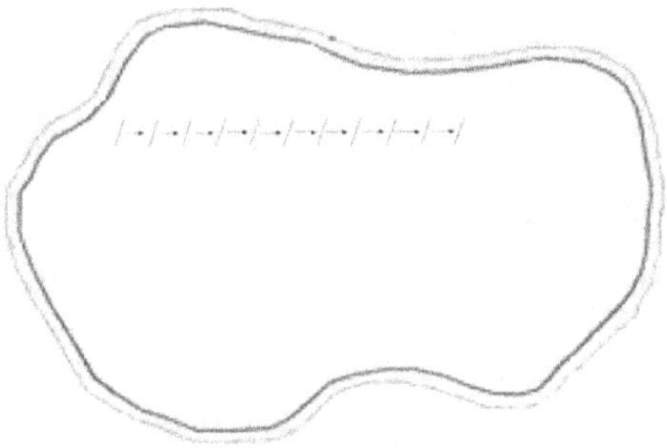

Figure 49 : Calcul du variogramme par balayage

Comme pour la configuration de krigeage complète, nous allons balayer la zone exploitée par les différents segments : (1,2), (2,3), (0,2), (4,5), etc... et faire la moyenne des écarts quadratiques associés. A ce stade, nous avons surmonté les deux premiers handicaps des méthodes empiriques :

- La nécessité d'anticiper des jeux de pondérateurs à tester,
- Le problème posé par la redondance géométrique de l'information.

Plutôt que de se limiter aux couples d'une seule configuration d'estimation, il vaut mieux calculer les points de variogrammes pour toutes les directions et toutes les distances. On répond ainsi aux besoins de toutes les configurations d'estimation possibles.

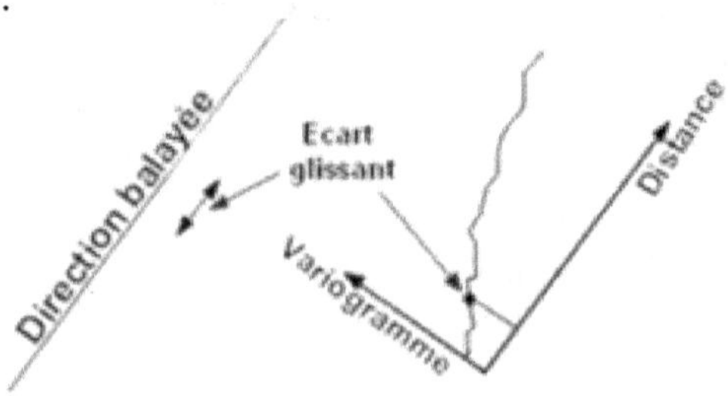

Figure 50 : Variogramme selon une direction

Selon une direction donnée, la courbe obtenue tendra à croitre puisqu'a priori l'écart quadratique de teneur entre deux points tend à augmenter avec la distance. C'est la manière habituelle de représenter le variogramme en géostatistique. Pour couvrir tout le modèle exploité avec le variogramme, il suffit de réitérer l'opération pour toutes les directions possibles.

Mais, ce calcul du variogramme reste encore impossible car nous ne disposerons jamais d'une zone exploitée sur laquelle la teneur aurait été notée point par point. De plus, même si nous disposions d'un tel modèle idéal, rien ne nous garantirait qu'il soit représentatif du gisement restant à exploiter. A ce stade, notre démarche relève donc encore de *l'objectivité externe*. La seule façon de renouer avec l'*objectivité interne* est d'estimer le *variogramme réel du gisement* à partir des sondages de la grille de reconnaissance qui couvre la globalité de l'espace à découper. C'est ce que nous allons voir ci-dessous avec l'*analyse structurale*.

L'analyse structurale

Une *grille de reconnaissance* ne nous permet pas d'accéder à l'ensemble des couples de points pour toutes distances sur tout le gisement. Mais, elle nous fournit, quand même, quelques couples de points sur lesquels on peut calculer des écarts quadratiques moyens pour certaines distances et dans certaines directions comme illustré sur le schéma ci-dessous.

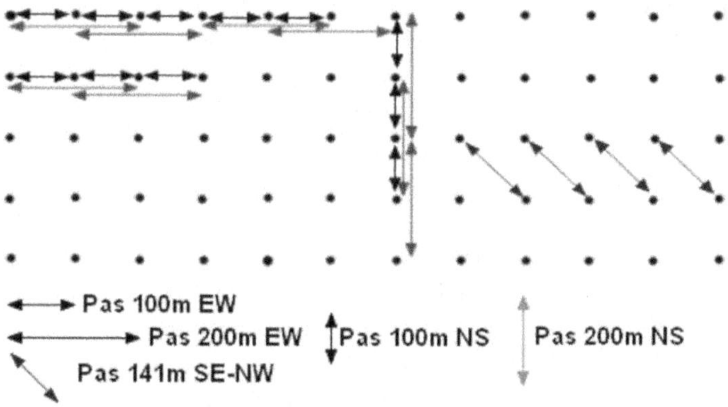

Figure 51 : L'analyse structurale

L'*analyse structurale nous* fournit un *variogramme expérimental* à partir duquel on estimera le *variogramme du gisement*. Pour chacune des directions présentes sur la grille, le variogramme expérimental est représenté par une succession discontinue de points dans le repère où figurent les distances en abscisse et les points de variogramme expérimentaux en ordonnée. Chaque point donne donc la valeur du variogramme calculée expérimentalement sur les multiples du pas élémentaire présent dans cette direction.

Le *variogramme expérimental* est ajusté graphiquement par des fonctions de la distance. Cet ajustement fonctionnel est le *variogramme théorique*, c'est-à-dire une fonction de la distance selon toutes les directions de l'espace (voir schéma ci-dessous).

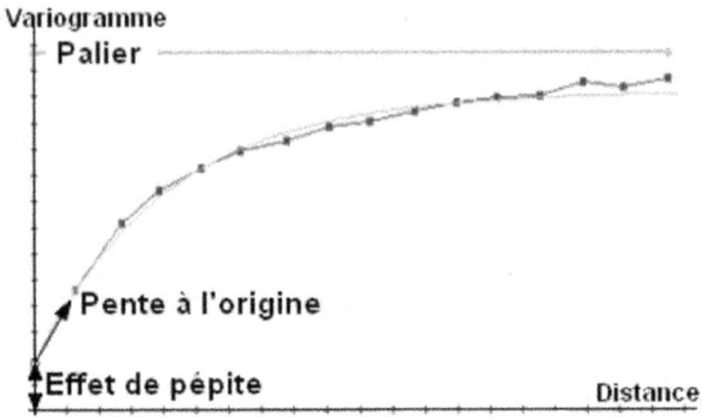

Figure 52 : Variogramme expérimental et variogramme théorique

Le variogramme apparait donc sous 3 formes :

- Le *variogramme réel* qui caractérise le gisement de manière objective. Il existe réellement et pourrait être calculé si nous connaissions tous les points du gisement.
- Le *variogramme expérimental* qui est calculé sur la grille de sondages c'est-à-dire sur un échantillonnage lacunaire du gisement. Il devra être ajusté pour être utilisé dans le krigeage.
- Le *variogramme théorique* est une estimation du variogramme du gisement. Il résulte d'un ajustement fonctionnel du variogramme expérimental. Il est destiné à remplacer le variogramme réel dans le système de krigeage.

Un *variogramme théorique* est ajusté sur un *variogramme expérimental* par combinaison de fonctions mathématiques paramétrables appelées schémas. Citons les schémas sphériques, exponentiels ou gaussiens célèbres en mine. Ces schémas, choisis par commodité, n'ont aucune signification statistique. Mais, ils ont la propriété de maintenir positive (fonction définie positive conditionnelle) la forme quadratique Δ^2 à minimiser.

Sur le *variogramme réel* du gisement, l'effet de pépite est un saut brutal à l'origine qui traduit l'écart quadratique moyen entre deux points infiniment proches mais différents. Si le gisement contient des pépites très riches éparpillées dans un fond stérile, ce saut sera important.

Sur le *variogramme théorique*, il en va tout autrement. En général, il existe une lacune d'information pour des distances inférieures à la maille de sondages. Le praticien va devoir inventer le variogramme théorique à ces faibles distances qui sont cruciales pour l'estimation. C'est un sujet de controverse comme nous allons le voir ci-dessous.

<u>Les pièges du processus de sélection</u>

Conçu pour les ressources minières, le krigeage à moyenne inconnue a été étendu à d'autres types de ressources : forêts, environnement, dépollution des sols, agriculture, halieutique, etc. Il constitue rarement une méthode d'estimation à lui seul et s'intègre à des méthodes d'estimation spécifiques. Les mauvaises méthodes d'estimation ont souvent pour origine des erreurs d'analyse du processus de décision : « *Ce qui est difficile, ce n'est pas de résoudre les problèmes, mais d'arriver à bien les poser* » (G Matheron). En mine, une *analyse du processus de sélection* doit donc toujours précéder le choix des outils d'aide à la décision.

Le recours à *une méthode d'estimation n'est pas toujours nécessaire* sur toutes les mines à tous les niveaux du processus minier. Parfois, *l'extraction se pilote « à l'œil »* sur des minéralisations bien visibles sans recours à des données numériques. Parfois, des gisements filoniens verticaux, *reconnus partiellement* et sans durée de vie connue, ne peuvent être pilotés ou programmés à l'avance. Parfois, l'exploitant préfèrera surdimensionner les outils d'extraction, les stocks et les installations de traitement plutôt que de se *fier à une gestion de production in-situ.*

Quand l'analyse préliminaire du processus minier justifie de sélectionner le gisement et de réguler la production sur la base de données numériques in-situ, *le recours à une méthode d'estimation devient nécessaire*. L'analyse se poursuit par l'identification des erreurs répétitives de sélection et de leur enjeu économique. La méthode d'estimation peut alors être définie sachant qu'elle inclut non seulement le traitement des informations mais aussi leur collecte, c'est-à-dire la reconnaissance du gisement.

Le processus de sélection est souvent *hiérarchisé en niveaux de sélection emboîtés*. Sur, une *mine sélective* à ciel ouvert, on pourrait, par exemple, programmer l'extraction à partir de sondages à maille 100m traversant tout le gisement et la piloter à partir d'analyses de trous de tirs à maille 5m forés avant abattage. A chaque niveau de sélection correspond une méthode d'estimation différente. Sur les trous de tirs, un simple krigeage des teneurs analysées permet de trier les minerais et stériles à évacuer. Sur les sondages à maille 100m, il nous faut *estimer le résultat de la sélection définitive* des minerais par le futur krigeage de trous tirs non encore disponibles.

Estimer à un stade donné les résultats d'un processus futur de sélection en cours d'exploitation est une *estimation du récupérable*. L'estimation du récupérable porte sur deux *fonctions de récupération* : la proportion de minerai qu'on espère sélectionner, la teneur en métal qu'on espère récupérer. Ces deux *fonctions de récupération* dépendent non seulement de la coupure future, mais aussi du support futur de la sélection. Elles sont estimées par un krigeage à moyenne inconnue ou mieux par un krigeage disjonctif (Voir annexe). L'*estimation du récupérable* est un problème trop spécifiquement minier pour être traité dans ce livre

Aujourd'hui, le défruitement de la réserve et le contrôle d'exploitation sont généralement informatisés. Un système de suivi d'exploitation est donc *développé sur cahier des charges* après analyse du processus d'exploitation. En bureau d'études, des projets sommaires peuvent être menés à l'aide d'un *logiciel minier standard* s'il traite le problème posé. Mais, il est absurde d'imaginer qu'un logiciel puisse toujours anticiper la diversité des gisements et de leurs exploitations.

L'analyse du processus minier ne requiert pas de compétences approfondies en géostatistique. Mais, le praticien doit être conscient qu'un processus de sélection est grevé par des erreurs d'autant plus redoutables qu'elles passent souvent inaperçues. Il doit aussi être conscient qu'une méthode estimation sert à minimiser et à prédire les pertes dues à ces erreurs. *L'analyse du processus minier* se conclut, dans l'ordre, par le choix de *méthodes de sélection*, puis *d'estimation* et enfin *de reconnaissance.*

Les *erreurs de reconnaissance* sont nombreuses et redoutables car la reconnaissance débute souvent avant la définition d'un projet d'exploitation. Elles ne sont jamais rattrapables au stade de l'estimation. Les bonnes pratiques en reconnaissance sont, pour la plupart, héritées de la prospection :

- La *géométrie de la reconnaissance* doit être adaptée à celle de l'exploitation, elle-même adaptée à celle du gisement. Par exemple, on ne reconnaitra pas par des sondages verticaux des minéralisations contrôlées par des structures verticales.
- La *maille de reconnaissance doit être régulière* sur le gisement sur lequel va s'opérer la sélection. Les reconnaissances hétéroclites ne sont pas acceptables.
- Par défaut, *cette maille sera carrée.* Les mailles rectangulaires sont possibles en cas d'anisotropie prononcée et à condition que le découpage par l'exploitation tienne aussi compte de cette anisotropie.
- Les *blocs à estimer seront toujours centrés sur la maille* de reconnaissance. On ne peut bien sélectionner que des unités pourvues du même niveau de connaissance.
- La *reconnaissance doit être hiérarchisée* selon les niveaux de sélection. Les informations recueillies à différents niveaux de reconnaissance ne doivent en aucun cas être traitées ensemble.
- Le *choix des variables à collecter* est un problème délicat car ce choix peut évoluer. Ainsi, après implantation d'une usine par concentration magnétique, la teneur d'un minerai de fer perd de l'intérêt au profit de sa susceptibilité magnétique.
- Le gisement doit être *fermé par la reconnaissance.* En effet, il est impossible de dimensionner un projet minier sans avoir reconnu la ressource de manière exhaustive.

Les pièges de la méthode d'estimation

A la mise en œuvre d'une méthode d'estimation, 3 opérations sont particulièrement piégeuses :

1. L'analyse structurale avec effet proportionnel

2. L'ajustement de l'effet de pépite
3. Le contrôle des méthodes

L'analyse structurale avec effet proportionnel : Sur des *gisements à faible teneur* (Cu, Uranium, Or, Pb-Zn), la variabilité est plus forte dans les zones riches que dans les zones pauvres. De fortes teneurs exceptionnelles imprègnent un fond stérile et y engendrent d'importants contrastes. C'est le comportement de modèles *log-normaux* pour *lesquels la variance locale est proportionnelle au carré de la moyenne locale*. C'est *l'effet proportionnel.*

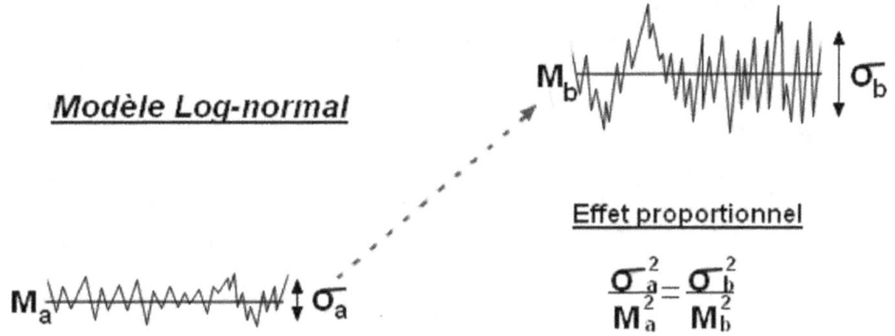

Figure 53 : Log-normalité et effet proportionnel

Sur des gisements à forte teneur (Fer notamment), dits *log-normaux inversés,* la variabilité est plus forte dans les zones pauvres que dans les zones riches. Les enclaves stériles exceptionnelles imprègnent un fond minéralisé en engendrant d'importants contrastes.

Dans le système de krigeage à moyenne inconnue, *le variogramme n'intervient qu'en relatif* pour le calcul des pondérateurs de krigeage. Le krigeage reste donc efficace malgré ces effets perturbateurs. C'est d'ailleurs une des clés de sa robustesse.

En revanche, si sa grille de reconnaissance n'est pas régulière, ces effets vont fortement perturber l'analyse structurale, car rien ne garantit que la moyenne de référence soit la même pour le calcul de tous les couples de distances. Le variogramme expérimental devient chaotique et impossible à ajuster.

Pour éviter ce piège, le praticien doit alors éviter ou essayer de rattraper les erreurs de reconnaissance à l'origine de ces difficultés :

- Il veillera à la *stricte régularité de la grille* de reconnaissance
- *Il évitera toute analyse structurale automatique* identifiant des couples de points via des tolérances sur la distance et l'ouverture angulaire.
- *Il évitera les croix de sondage*, clusters, et autres recettes destinées à préciser l'effet de pépite. Les variogrammes locaux n'ont pas la même forme que le variogramme global auquel ils ne se raccorderaient pas même en l'absence d'effet proportionnel.

- Si les conditions le permettent, il transformera par *anamorphose graphique* la variable brute en une gaussienne moins affectée par l'effet proportionnel. Puis, il calcule le variogramme de la variable brute ou de fonctions de récupération à partir de celui de la gaussienne.

L'ajustement de l'effet de pépite : Les pondérateurs de krigeage sont peu sensibles à l'ajustement du variogramme théorique sauf aux très faibles distances où l'effet de pépite joue un rôle déterminant :

- Si *l'effet de pépite est faible*, les pondérateurs vont décroitre très vite. La composante structurée s'impose à la composante aléatoire. Dans la configuration de krigeage, des sondages font écran à ceux placés derrière. Ces derniers se retrouvent pourvus de pondérateurs très faibles voire négatifs.
- Si *l'effet de pépite est fort*, les pondérateurs vont largement s'étaler. La composante aléatoire s'impose à la composante structurée. Un effet de pépite fort lève l'effet d'écran et exclut les pondérateurs négatifs.

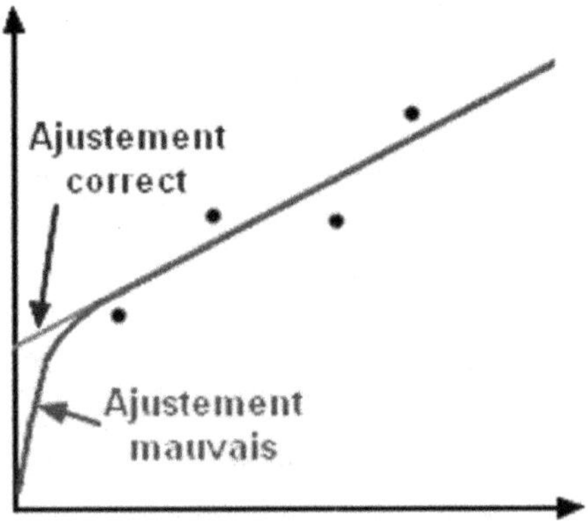

Figure 54 : Ajustement de l'effet de pépite

Or, beaucoup de gisements stratiformes sont reconnus par une grille régulière de sondages verticaux. Il y a donc une lacune d'information sur le variogramme expérimental pour des distances inférieures à la maille de reconnaissance.

Il nous faut donc définir une stratégie d'ajustement de l'effet de pépite pour renseigner cette partie manquante et cruciale du variogramme expérimental. *La règle est claire et sans appel : il faut extrapoler la pente du variogramme observée sur les premiers couples connus* (voir schéma ci-dessus). Cette règle conduira peut-être à lisser abusivement l'estimation et ainsi à restreindre notre capacité de sélection. Mais, elle est la marque d'une attitude prudente refusant de parier sur une connaissance dont nous ne disposons pas. De plus, un surcroit de lissage altérera peu l'estimation d'ensembles compacts de blocs en raison des transferts d'influence.

Il ne faut donc surtout pas chercher à minimiser, voire à annuler, l'effet de pépite sous peine de surestimer la capacité réelle de sélection à l'exploitation et, par voie de conséquence, l'estimation de la réserve du gisement. Aujourd'hui, la tendance à minimiser l'effet de pépite est à la mode. Elle s'explique surtout par une *volonté délibérée de surestimer les gisements à des fins spéculatifs*.

Le contrôle et la validation des méthodes : A l'instar de toutes les méthodes tributaires d'aléas naturels, les méthodes d'estimation sont issues de la recherche méthodologique. Les modèles théoriques qui inspirent ces méthodes ne peuvent en aucun cas les valider a priori. Seules leur validation à postériori sur le réel, c'est-à-dire sur des modèles induits qui peuvent évoluer, peut contribuer à leur efficacité et à leur amélioration.

La Géostatistique n'échappe pas à cette règle. Son formalisme théorique n'en fait pas une recette miracle. G Matheron a toujours été extrêmement clair sur ce point. *La Géostatistique est une méthode objective et donc améliorable sans cesse au gré de la découverte de cas nouveaux*. De plus, la géostatistique ne couvre qu'un aspect d'une méthode d'estimation qui intègre également les spécificités propres à chaque processus de sélection. Ce sont donc les effets d'une méthode d'estimation spécifique qui doivent être testés et validés à postériori

En mine, le pilotage de l'exploitation et son contrôle sont souvent couplés dans un système d'information fonctionnant le plus possible en temps réel au plus près des opérations. Le contrôle d'exploitation porte à la fois sur les résultats de la production, l'impact sur la réserve, les méthodes de sélection et de programmation et les méthodes d'estimation à différents niveaux de sélection.

CONCLUSION

En conclusion, nous reviendrons sur 4 thèmes polémiques abordés dans ce livre :

1. Les pièges du hasard
2. Les dangereuses promesses du numérique
3. Le gaspillage des ressources par la finance
4. Le dévoiement de la méthode scientifique

Ces 4 thèmes illustrent l'opposition entre la croyance économique sur laquelle prospère notre monde actuel et la connaissance objective qui progresse par des remises en cause souvent contrariantes.

Les pièges du hasard : Le hasard qui traduit notre ignorance totale ou partielle de la réalité qui nous entoure est totalement dépourvu d'objectivité. Pourtant, *le hasard est omniprésent dans la culture anglo-saxonne* qui encourage chacun à tenter sa chance en glorifiant les réussites et en faisant oublier les échecs. En accordant une once de réalité au hasard, nous devenons des proies pour ceux qui nous incitent à parier au mieux de leurs intérêts. En vendant des certitudes, on risque d'être accusé de tromperie. Mais, en « vendant des probabilités », on peut imputer les échecs au hasard. C'est ainsi que la prospection minière est devenue un jeu pour drogués au risque.

Dans ce livre, les probabilités sont simulées par des fréquences observées sur un modèle objectif formé d'objets connus et similaires. La théorie des probabilités ne fait qu'inspirer des méthodes dans lesquelles les modèles probabilistes s'effacent. Les méthodes relevant de la pratique des probabilités doivent, comme toute autre méthode, être validées à postériori.

Notre rejet du hasard pourra déplaire aux financiers, économistes et politiques dont le métier consiste à jouer au Monopoly planétaire avec notre argent et qui n'ont que faire de l'objectivité. Mais, il pourra aussi choquer des scientifiques qui parfois usent et abusent de références au hasard dans leurs publications. Ils peuvent aussi succomber aux sirènes des subjectivistes ou adhérer à des croyances objectivistes en un ordre caché.

Les dangers du numérique : Nous ne contestons pas l'apport de l'outil informatique dans le progrès des sciences et de leurs pratiques. En revanche, nous dénonçons son dévoiement à des fins de manipulation d'une population fascinée par les prouesses du numérique.

Nous avons tous tendance à confondre l'outil et ce qui est produit par l'outil. L'informatique n'a rien de scientifique en elle-même. Il s'agit simplement d'un outil utile à la science et à sa pratique. En oubliant qu'un logiciel est l'œuvre d'un être humain perfectible, le grand public a parfois tendance à croire tout ce qui sort d'un ordinateur.

Aujourd'hui, les *modélisations numériques* sont à la mode. Leurs prédictions sont fiables si elles sont validées à postériori. Elles peuvent alors corroborer une interprétation ou participer à une méthode. Mais, il arrive aussi qu'elles abritent des calculs opaques uniquement destinés à nous faire avaler n'importe quoi. Elles confortent l'idée qu'il faut croire ce qu'on ne comprend pas et rejoignent ainsi l'hermétisme des pratiques divinatoires.

L'industrie du numérique a beaucoup progressé car elle est le terrain de prédilection d'investisseurs en quête de profits rapides. Elle produit aussi des futilités qui *érodent nos intelligences* tout en *gaspillant nos ressources* en énergie et en matières premières. Après l'informatique personnelle, les jeux vidéo, l'Internet, les réseaux sociaux, on nous annonce une nouvelle arnaque : *l'Intelligence Artificielle*. Dans tous ces cas, on vend de la science-fiction au grand public en s'appuyant sur quelques perspectives sérieuses.

Aujourd'hui, dénigrer le rôle du numérique dans nos vies est le comble de la ringardise. Même les écologistes, pourtant prompts à donner des leçons, n'osent pas s'attaquer à ce symbole de notre civilisation bien qu'il contribue largement à ravager la planète.

Le gaspillage des ressources : Les pratiques objectives développées jadis pour gérer les ressources ont perdu beaucoup de terrain dans notre monde économique actuel. La spéculation à court terme sur les ressources est bien plus rentable qu'une production raisonnée à long terme. Plutôt que de réduire l'incertitude sur une ressource à des fins de production, il vaut mieux l'instrumentaliser pour engendrer des « faire croire » trompeurs et lucratifs.

Ainsi, dans le domaine minier, le jeu spéculatif donne l'avantage au vendeur qui connait le mieux le gisement exploité. Les praticiens doivent se conformer à cette réalité économique et ne se démarquent plus des charlatans. La réalité économique prend le pas sur la réalité objective. La pratique minière est gangrénée par des grandeurs dépourvues d'objectivité (Ressource, intervalles de confiance, etc..) qui arrangent les financiers. Le secteur minier est devenu un casino où incertitude rime avec pari et où l'objectivité n'a pas sa place.

Les ressources valorisables étant ainsi impitoyablement gaspillées, on imagine le sort subi par les ressources existentielles de la biosphère alors qu'aucune mesure incitative ou coercitive n'incite à les ménager. Bref, tant que le *mythe du taux de rentabilité* règnera sur le monde, les ressources de notre planète seront menacées et les méthodes pour mieux les connaitre et mieux les préserver resteront dans les tiroirs. Un monde économique fondé sur la concurrence ne pourra jamais s'organiser collectivement pour préserver les ressources bien qu'il en dépende comme nous tous.

Le dévoiement de la science : L'accumulation d'arguments en faveur d'une théorie n'accroit pas la probabilité qu'elle soit vraie. La recherche scientifique progresse par réfutation des théories existantes. La science est une quête de vérités qui se dérobent sans cesse. C'est la réfutation qui définit la méthode scientifique et non le consensus de collèges autoproclamés de savants énonçant des vérités définitives pour le compte de la société.

Mais, aujourd'hui, la méthode scientifique est battue en brèche depuis que la recherche scientifique est devenue une *recherche de financement*. Or, un commanditaire attend d'une recherche qu'elle réponde à ses attentes. Le chercheur est donc incité à prouver la théorie promise et non à la réfuter. L'appât du gain est devenu prépondérant dans les vocations scientifiques qui s'en trouvent ainsi passablement dégradées.

Ne pouvant éradiquer l'incertitude, les sciences de la terre se sclérosent sur des « *vérités qui arrangent* » puisque personne n'a intérêt à les remettre en cause. Quant à leur pratique, elle est désormais aux mains d'experts entièrement inféodés à ceux qui les nourrissent. Il ne fait pas bon contrarier son patron ou son client alors qu'on est censé défendre ses intérêts au même titre qu'un conseiller juridique.

En délaissant le moteur du progrès qu'est la réfutation, la science devient une « croyance en la science » qui permet à chacun de défendre la théorie du collège de savants qui a su le séduire. Aujourd'hui, la « croyance en la science » est à la mode dans un grand public de plus en plus pris à témoin dans les controverses scientifiques. Les « scientifiques » en sont les grands prêtres.

Le simple particulier qui veut comprendre par lui-même passe pour un prétentieux. En revanche, on considère comme normal qu'il choisisse sa propre vérité en optant pour ce qu'il croit être des « bons scientifiques ». De plus en plus, la « pensée unique » faite de conjectures plausibles engendre en réaction des « théories du complot » faites de croyances débiles.

Les propos tenus dans ce livre sont en totale opposition avec les croyances inhérentes à *l'obsession de la croissance économique* qui régit nos vies depuis la révolution libérale des années 80. Nous fustigeons les jeux de hasard alors que nos dirigeants nous incitent à parier au grand casino planétaire. Nous ne pensons pas que l'Intelligence Artificielle puisse être une perspective d'avenir pour l'humanité. Nous doutons qu'un progrès scientifique plutôt déliquescent puisse un jour endiguer nos ravages sur la planète.

Le retour en force des croyances constaté au début du 21ième siècle n'est pas seulement le retour des religions de jadis. C'est, avant tout, l'émergence d'un besoin de croire en une sacro-sainte *croissance économique* censée être profitable à tous. La *croissance de l'activité* repose sur un « enthousiasme » partagé fondé sur le *culte de la réussite*. Pour entretenir la croissance, il faut juste trouver des investisseurs pour *financer des projets en leur faisant croire qu'ils vont réussir*. Le fait que cette réussite soit ou ne soit pas au rendez-vous n'a pas d'importance. Un échec engendre de l'activité au même titre qu'une réussite. En revanche, il vaut mieux taire les échecs et glorifier les réussites pour entretenir l'envie d'investir. Aujourd'hui, le *culte de la réussite* inhibe la *culture de l'échec* qui seule nous faire progresser.

Depuis une dizaine d'années, l'édifice libéral mondialisé commence à se fissurer face à l'épuisement des ressources, à l'empoisonnement de la biosphère, au réchauffement climatique, au recul de la démocratie, au retour de la guerre et, surtout, à l'émergence de doutes sur la voie choisie. Seuls quelques dirigeants font encore mine de croire que l'ingéniosité humaine, sporadiquement arrosée d'argent, fera reculer les limites de la planète. La perte de confiance grandit au sein de populations dont la crédulité a quand même des limites.

Or, notre monde économique est un système pyramidal qui a besoin de confiance pour engendrer la croissance dont il se nourrit. La *décroissance économique* s'imposera donc d'elle-même sans qu'il soit besoin de l'appeler de nos vœux. Dans cette perspective, le recours à des pratiques objectives utiles au sein d'une économie régulée permettra peut-être d'améliorer nos vies au sein d'un environnement planétaire mieux compris et mieux maitrisé.

ANNEXE : Géostatistique théorique

La présentation de la Géostatistique dans le Chapitre 6 est assez éloignée de la démarche qui lui a donné naissance. L'invention de la Géostatistique par G Matheron dans les années 50 résulte d'une succession de travaux théoriques validés par de nombreux essais pratiques. Aujourd'hui, la recherche en Géostatistique continue d'engendrer de nouvelles méthodes même si l'industrie minière devenue spéculative n'en est plus le moteur qu'elle était jadis.

Nous commencerons par évoquer quelques concepts théoriques propres à la Théorie de la Variable Régionalisée. Puis, nous réinventerons le krigeage à moyenne inconnue en partant de l'hypothèse intrinsèque qui définit la Géostatistique linéaire. Ces principes fondateurs seront ensuite généralisés à la Géostatistique non stationnaire et à la Géostatistique non linéaire.

Cette annexe est réservée à des chercheurs intéressés non seulement par les méthodes de la Géostatistique mais, aussi, par la méthode utilisée pour les concevoir. Ils y retrouveront un discours proche des enseignements habituels.

La Théorie de la Variable Régionalisée

C'est G Matheron (1930-2000) qui, dans les années 50 et 60, invente la *Théorie de la Variable Régionalisée* (ou Géostatistique) et l'applique à de nombreux phénomènes naturels. Tout ce qui va suivre, de même qu'une grande partie de ce qui précède, est directement tiré de la pensée de G Matheron et notamment de son ouvrage « Estimer et Choisir » écrit dans les années 70 et publié en 1989.

Partant de la problématique minière, cette théorie a permis de diversifier l'usage des modèles *topo-probabilistes* (modèles probabilistes dans l'espace), dans plusieurs disciplines : géostatistique forestière, cartographie sous-marine, météorologie, géophysique, pollution des sols, agriculture, etc. Elle s'est ainsi avérée particulièrement féconde et a largement étendu le domaine de la pratique des probabilités.

Dans une publication intitulée « *Les concepts de base et l'évolution de la Géostatistique minière* », Georges Matheron donne de la géostatistique la définition suivante :

« Au point de départ de la géostatistique, il y a une intuition à caractère topo-probabiliste, celle d'un phénomène, une minéralisation par exemple dont la distribution dans l'espace présente un caractère mixte, partiellement aléatoire et partiellement structuré : il y a des zones riches et des zones pauvres, donc un certain degré de continuité dans l'évolution spatiales des teneurs ponctuelles, mais le comportement local reste beaucoup trop chaotique et imprévisible pour qu'il soit possible d'ajuster un modèle fonctionnel simple. D'où l'idée d'interpréter le phénomène en termes de

fonction aléatoire (et au fond c'est cela la géostatistique). A chaque point x de l'espace on associera une variable aléatoire Z(x). Pour deux points différents x et y, on aura deux V.A Z(x) et Z(y) différentes mais non indépendantes. Et c'est justement leur degré de corrélation qui sera chargé de refléter la plus ou moins grande continuité de la minéralisation. »

Mais, il reste, bien sûr, à tirer de cette intuition topo-probabiliste de départ des méthodes de décision susceptibles de répondre aux besoins des praticiens.

Les modèles topo-probabilistes

Une *variable régionalisée* désigne toute répartition d'une grandeur mesurable au sein d'un espace à 1, 2 ou 3 dimensions. Pour faciliter l'exposé, nous nous référerons exclusivement une répartition de teneurs au sein d'un gisement. Mais, chacun pourra étendre le concept à tout autre type de répartition dans le sous-sol ou dans tout autre milieu. Cette variable régionalisée est considérée comme la réalisation d'une *fonction aléatoire*.

Le concept de *fonction aléatoire*, c'est-à-dire d'un ensemble de variables aléatoires corrélées entre elles et repérées dans l'espace ou dans le temps est relativement récent. Le terme date des années 30 et il n'était alors appliqué qu'à des séries temporelles : chaînes de Markov, processus stochastiques, etc. Ce n'est que dans les années 50 que le concept de fonction aléatoire a été étendu à l'espace à deux ou trois dimensions par G Matheron. C'est ainsi qu'est né le concept de *modèle topo-probabiliste*.

Comment caractériser une fonction aléatoire alors que ne disposons que d'une seule « réalisation » ? La seule solution va consister à rechercher des réalisations partielles ailleurs dans l'espace couvert par la variable régionalisée. Pour ce faire, nous allons faire appel à deux *propriétés purement théoriques* de certaines *fonctions aléatoires* : l'*ergodicité* et la *stationnarité*. L'*ergodicité* et la *stationnarité* sont des concepts communs à plusieurs disciplines. Nous avons choisi de les présenter intuitivement en opposant une forêt naturelle et une forêt artificielle sur le schéma ci-dessous.

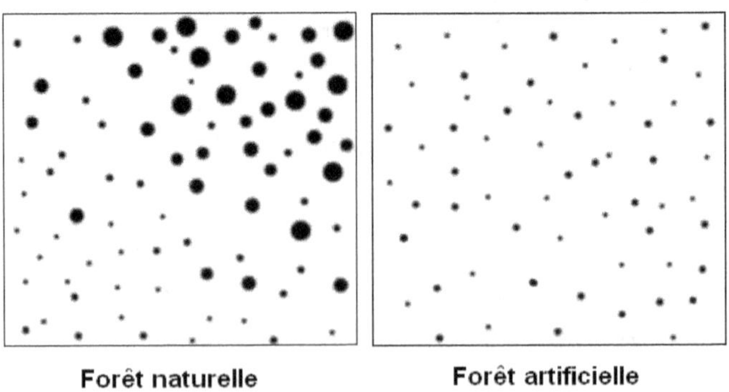

Figure 55 : Ergodicité et stationnarité

L'ergodicité : C'est Ludwig Boltzmann (1871-1906) qui, le premier, a émis l'hypothèse ergodique pour fonder la thermodynamique statistique. Au sein d'un gaz, toutes les particules ont le même comportement qui peut être décrit soit par l'observation d'une même particule dans le temps, soit par l'observation de plusieurs particules dans l'espace.

- Sur la *forêt naturelle*, à gauche, l'hypothèse ergodique pourrait bien être acceptable car les différents stades de croissance d'un arbre devraient être représentés en raison du brassage des générations. Il serait équivalent d'observer soit la croissance d'un arbre donné au cours du temps et soit la répartition des arbres dans la forêt à un instant donné.
- Sur la *forêt artificielle*, à droite, l'hypothèse ergodique n'est manifestement pas acceptable. Tous les arbres de la forêt ont été plantés en même temps et en sont tous au même stade de croissance. L'observation d'une forêt artificielle ne nous renseigne pas sur la croissance des arbres.

La stationnarité : On fait une hypothèse de stationnarité si on suppose que le processus sous-jacent à une série chronologique de données « aléatoires » reste constant au moins pour certains aspects. C'est une définition très générale qui s'applique aussi à des observations dans l'espace.

- Sur la *forêt naturelle*, à gauche, l'hypothèse de stationnarité n'est manifestement pas acceptable. Les arbres ont une taille en moyenne plus réduite au Sud-Ouest qu'au Nord-Est. Ce contraste peut être dû à une implantation plus tardive ou à un sol moins favorable.
- Sur la *forêt artificielle*, à droite, l'hypothèse de stationnarité pourrait bien être acceptable en raison d'une plantation à la même date et d'un sol homogène.

Les hypothèses en Géostatistique : Les propriétés d'ergodicité et de stationnarité n'ont de sens que sur des modèles topo-probabilistes. L'ergodicité et de stationnarité permettent de relier l'espace et des distributions de probabilités comme on relie l'espace et le temps pour des forêts. S'agissant de propriétés purement théoriques, ces propriétés sont applicables à des distributions de probabilités théoriques non objectives. Dans un modèle topo-probabiliste, elles permettront de retrouver des réalisations des variables composant la fonction aléatoire ailleurs dans l'espace couvert par la fonction aléatoire. On s'accommodera ainsi du fait que la variable régionalisée n'est que la réalisation unique de cette fonction aléatoire. L'ergodicité et de stationnarité ne seront utilisées que sous forme d'hypothèses plus ou moins dégradées. En géostatistique, on ne cherche pas à savoir a priori si une hypothèse est acceptable ou non : on fait « comme si » elle l'était pour concevoir une méthode validable à postériori.

Réfutation de la régression dans l'espace : On pourrait envisager d'estimer un gisement en utilisant une méthode d'estimation par régression linéaire. Pour estimer un point inconnu du gisement :

- On centrerait toutes les variables sur leurs moyennes respectives.
- Puis, on chercherait la moyenne pondérée des informations voisines minimisant l'écart quadratique avec les réalisations du modèle.
- Enfin, on calculerait les pondérateurs en résolvant un système d'équations aux dérivées partielles comme pour toute régression linéaire à plusieurs variables.

Les termes de ce système d'équation, c'est-à-dire les coefficients de corrélation sur couples de variables, seraient calculés sur la grille de reconnaissance, puis ajustés par une fonction décroissante de la distance (Voir figure ci-dessous).

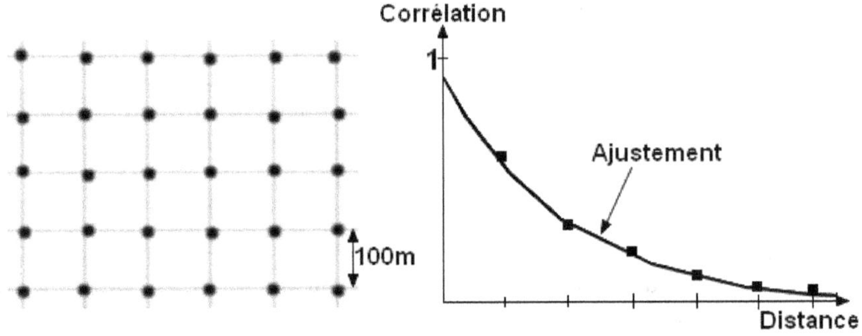

Figure 56 : Ajustement de la corrélation

Mais, cette méthode ne fonctionne pas en raison du caractère irréaliste des hypothèses d'ergodicité et de stationnarité :

- Elle a recours à des paramètres (moyenne, variance, coefficients de corrélation) qu'on ne peut estimer à partir d'un calcul global. L'hypothèse ergodique n'est pas acceptable. Il faudrait imaginer des paramètres significatifs à la fois localement et globalement.
- Les fonctions aléatoires couvrant des zones très contrastées, l'hypothèse de stationnarité d'une distribution de probabilité semble bien peu légitime. Des « régressions » vers une moyenne globale n'auraient guère de sens.

La micro-ergodicité

G Matheron a pris conscience de cette impasse à la lecture des travaux publiés dans les années 50 par des ingénieurs des mines sud-africains : Krige, Sichel, De Wijs, etc. Ainsi, en 1952, Krige montrait sur le gisement du Witwatersrand que la variance expérimentale d'échantillons croissait indéfiniment avec la taille de la zone observée : panneaux, quartiers, concessions, le Rand tout entier, etc. Les travaux de DG Krige (1919-2013) contredisaient donc l'hypothèse d'ergodicité sur des statistiques finies.

La difficulté provient du coefficient de corrélation qui incorpore les moyenne et variance globales et traduit plus la tendance à « varier ensemble » dans une population que la « ressemblance » entre variables aléatoires. Pour aller plus loin dans la recherche d'une méthode d'estimation, il faudrait disposer d'un paramètre caractérisant la ressemblance entre deux points du gisement sans être tributaire de paramètres globaux.

D'où l'idée de remplacer le coefficient de corrélation par un nouvel outil inventé par G Matheron au milieu des années 50 : le *variogramme* qui est simplement l'écart quadratique moyen de teneur entre deux points :

$$\gamma(h) = Moy(t_{+h} - t)^2$$

Le variogramme est donc la variance de la Variable Aléatoire : « Ecart de teneur entre deux points » qui va s'avérer pour nous beaucoup plus intéressante que la Variable Aléatoire « Teneur ». Alors que le coefficient de corrélation décroit, le variogramme va croitre avec la distance entre deux points. Le coefficient de corrélation caractérise la « ressemblance », c'est-à-dire la « tendance à varier ensemble » sur un territoire. Le variogramme caractérise la « dissemblance », c'est-à-dire une « tendance à différer » non tributaire de la variabilité globale d'un territoire.

Le variogramme est un paramètre parfaitement objectif et significatif aussi bien globalement que localement. En effet, on peut imaginer de densifier l'information à l'infini sur un gisement et obtenir son « vrai » variogramme. Le variogramme existe donc réellement. Il peut donc être estimé et ses estimations sont réfutables. Il s'agit donc d'un paramètre parfaitement objectif. De plus, le variogramme sur une zone étendue sera égal à la moyenne des variogrammes de zones plus réduites qui la composent. A l'inverse du coefficient de corrélation, le variogramme moyen est un outil commode pour analyser la forme moyenne d'un gisement.

Le variogramme moyen sur le gisement peut être estimé à partir de l'analyse d'une grille de sondages. C'est l'analyse structurale que nous avons déjà abordée précédemment et sur laquelle nous ne reviendrons pas. L'ajustement du variogramme expérimental calculé sur la grille n'est que l'estimation d'un paramètre moyen objectif du gisement. Bien sûr, cette estimation peut être plus ou moins erronée comme nous l'avons vu précédemment.

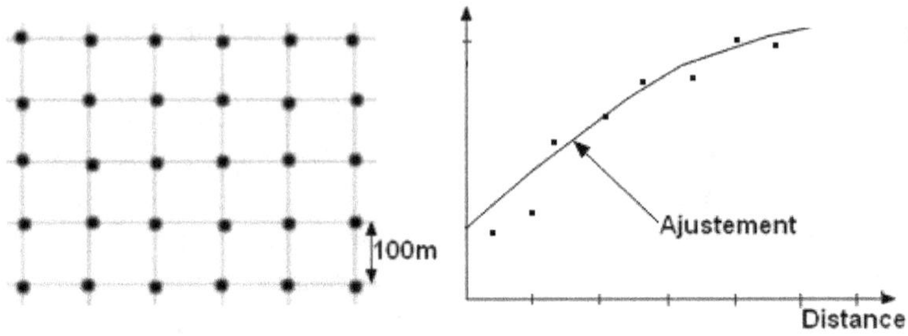

Figure 57 : Estimation du variogramme

L'hypothèse d'ergodicité semble plus acceptable pour l'écart quadratique de teneur entre deux points que pour la teneur. On pourrait donc faire la moyenne sur le gisement des réalisations de cet écart quadratique et obtenir ainsi un variogramme significatif localement. A défaut de disposer d'un gisement d'extension infinie, l'hypothèse d'ergodicité sera acceptable si les vecteurs portant les couples de teneurs sont petits par rapport à la taille du gisement.

L'ergodicité limitée à de faibles distances a été nommée *micro-ergodicité* par G Matheron. Pour des distances plus fortes, l'hypothèse ergodique est clairement irréaliste et on doit s'interdire d'utiliser le variogramme. Autrement dit, dès qu'il sera question de variogramme en estimation, il s'agira toujours d'un variogramme aux faibles distances.

On retrouve là l'effet de marges déjà évoqué quand nous prenions modèle sur une partie exploitée du gisement pour présenter intuitivement le krigeage à moyenne inconnue. La moyenne des écarts est nulle pour des distances h petites par rapport au gisement :

$$Moy(t_{+h} - t) = Moy(t_{+h}) - Moy(t) = 0$$

Seulement si : $Moy(t_{+h}) = Moy(t)$, c'est-à-dire si h est petit.

Dans le cas contraire, l'espace de calcul est insuffisant pour permettre la convergence vers une moyenne globale commune. Il n'y aura plus égalité entre $Moy(t_{+h})$ et $Moy(t)$. De ce fait, il n'y aura plus convergence de la moyenne des écarts vers une valeur commune et nulle.

Sur le schéma ci-dessous, on voit que $Moy(t_{+h})$ sera proche de $Moy(t)$ quand h est petit. Mais, ce n'est pas le cas quand h devient relativement grand par rapport à la taille du gisement.

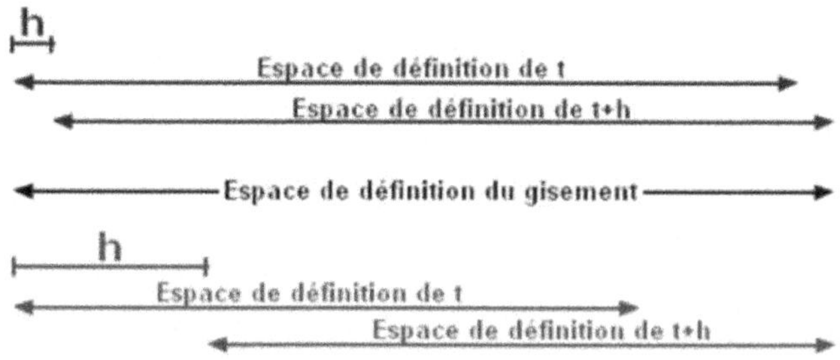

Figure 58 : Hypothèse de micro-ergodicité selon la distance

La Géostatistique linéaire

Rappelons qu'en *pratique des probabilités*, une hypothèse n'est pas une croyance mais un cadre pour la recherche de méthodes. On ne croit pas a priori qu'une propriété théorique est vraie dans le monde réel. On décide de faire comme si elle était vraie pour imaginer des méthodes possiblement satisfaisantes. Mais, ces méthodes doivent être testées dans le monde réel pour validation.

L'*hypothèse intrinsèque* est une hypothèse de stationnarité d'ordre 2 portant sur la variable *« écart de teneur pour une distance donnée »*. La stationnarité ne porte que sur la moyenne et la variance, ce qui suffit pour calculer un variogramme. Nous avons vu dans le chapitre consacré à la pratique de la Géostatistique que l'écart quadratique d'estimation à minimiser Δ^2 se décomposait algébriquement sur les écarts quadratiques élémentaires, c'est-à-dire des variogrammes.

Cette propriété est valable pour toute combinaison linéaire autorisée, c'est-à-dire pour laquelle la somme des coefficients est nulle. Le variogramme est une combinaison linéaire autorisée avec un coefficient égal à 1 et l'autre à -1. C'est le cas aussi pour l'écart quadratique de krigeage Δ^2 puisque la somme des pondérateurs est égale à 1 et que le coefficient de la variable estimée est égal à -1.

Transposée localement à la configuration de krigeage et exprimée sur des moyennes locales communes et inconnues, la condition de non-biais global implique une hypothèse de stationnarité aux faibles distances de la moyenne de la teneur. L'*hypothèse intrinsèque,* qui porte sur les écarts, se double donc d'une *stationnarité de la moyenne locale*. Dans le cadre de l'hypothèse intrinsèque, le krigeage équivaut donc à une *régression* vers cette moyenne locale inconnue : *le lissage*.

La fonction d'estimation linéaire, bâtie sur les sondages avoisinant le point à estimer, intègrera à la fois une *composante aléatoire* représentée par une moyenne locale inconnue, et une *composante structurée* formée des informations prises individuellement. C'est le *krigeage à moyenne inconnue* déjà présenté intuitivement dans la pratique de la Géostatistique. Il est maintenant redéfini théoriquement via un modèle topo-probabiliste conjuguant *micro-ergodicité* et *hypothèse intrinsèque*.

L'*hypothèse intrinsèque* s'avère très efficace en pratique pour les problématiques d'estimation destinés à répondre aux besoins des sélections de type minier pour deux raisons :

1- La *stationnarité de la teneur* se limite à une configuration d'estimation d'extension limitée. L'effet d'éventuelles dérives sera gommé si le praticien choisit des blocs de sélection assez gros relativement à la densité de l'information.

2- Les *effets de type « effet proportionnel »* affectent le variogramme mais n'influent pas le calcul des pondérateurs de krigeage. L'analyse structurale peut être délicate, mais, l'estimation sera satisfaisante même en présence de distributions très dissymétriques.

L'*hypothèse intrinsèque* est à la base de la *Géostatistique linéaire*. Géostatistique linéaire, géostatistique intrinsèque et géostatistique minière sont quasiment des synonymes. La *Géostatistique linéaire* a été validée pour quasiment tous les cas où l'estimation porte sur des blocs à sélectionner en fonction d'une variable mesurée dans la nature.

Dans l'encadré ci-dessous dédié au *krigeage à moyenne inconnue*, nous développons sur le variogramme un écart quadratique Δ^2 autorisé, c'est-à-dire pour lequel la somme des coefficients est nulle. Puis, nous appliquons ce développement à un écart quadratique d'estimation. La somme des pondérateurs de la fonction d'estimation est alors égale à 1 et le pondérateur affecté à la variable définie au point à estimer est égal à -1. Enfin, nous construisons les équations aux dérivées partielles pour calculer le jeu des pondérateurs de krigeage qui minimise l'écart quadratique d'estimation.

Formalisme du krigeage à moyenne inconnue

Nous décomposons la forme quadratique Δ^2 :

$$= \left(\sum_{i=0}^{n} \lambda i . Xi\right)^2 = \sum_{i=0}^{n}\sum_{j=0}^{n} \lambda i . \lambda j . Xi . Xj$$

: $(Xi - Xj)^2 = Xi^2 + Xj^2 - 2 . Xi . Xj$ => $Xi . Xj = ½\, Xi^2 + ½\, Xj^2 - ½\,(Xi - Xj)^2$

$$= ½ \sum_{i=0}^{n}\sum_{j=0}^{n} \lambda i . \lambda j . Xi^2 + ½ \sum_{i=0}^{n}\sum_{j=0}^{n} \lambda i . \lambda j . Xj^2 - ½ \sum_{i=0}^{n}\sum_{j=0}^{n} \lambda i . \lambda j . (Xi - Xj)^2$$

Si nous mettons en facteur les λi dans le premier terme, les λj dans le second, et si nous ·ons la condition : $\sum_{i=0}^{n} \lambda i = 0$, les deux premiers termes s'annulent et la forme ıdratique Δ^2 devient :

$$= - ½ \sum_{i=0}^{n}\sum_{j=0}^{n} \lambda i . \lambda j . (Xi - Xj)^2$$

En moyenne (espérance), on fait apparaître le variogramme : $\gamma_{ij} = ½\, E(Xi - Xj)^2$

$$\Delta^2) = - \sum_{i=0}^{n}\sum_{j=0}^{n} \lambda_i . \lambda_j . \gamma_{ij} = - \sum_{i=0}^{n} \lambda_i^2 \gamma_{ii} - 2 . \sum_{i=0}^{n} \sum_{\substack{j=0 \\ j<>i}}^{n} \lambda_i . \lambda_j . \gamma_{ij}$$

Avec : $\sum_{i=0}^{n} \lambda i = 0$

On prend λ_0 = -1 : $E(\Delta^2)$ devient alors la variance de krigeage à minimiser

$$\Delta^2) = - \gamma_{00} + 2 . \sum_{i=1}^{n} \lambda_i . \gamma_{0i} - \sum_{i=1}^{n} \lambda_i^2 \gamma_{ii} - 2 . \sum_{i=1}^{n} \sum_{\substack{j=1 \\ j<>i}}^{n} \lambda_i . \lambda_j . \gamma_{ij}$$

Avec : $\sum_{i=1}^{n} \lambda i = 1$

On forme le système d'équations aux dérivées partielles et on introduit un coefficient de ;range pour prendre en compte la condition : $\sum_{i=1}^{n} \lambda i = 1$:

……

Dérivée / λi : $\sum_{i=1}^{n} \lambda_j . \gamma_{ij} + \mu = \gamma_{0i}$

……

Sous la condition : $\sum_{i=1}^{n} \lambda i = 1$

On résout le système pour obtenir les pondérateurs. L'écart quadratique Δ^2 ainsi minimisé la *variance de krigeage*.

La Géostatistique non stationnaire

L'hypothèse intrinsèque, telle que nous venons de la présenter, implique la *stationnarité de la teneur moyenne dans le voisinage d'estimation*. Cette hypothèse est acceptable dans la mesure où les blocs à estimer sont gros au regard de la configuration d'estimation. Elle conduit à ne travailler que sur l'ensemble des *combinaisons linéaires autorisées pour lesquelles la somme des coefficients est nulle* : variogramme, écart d'estimation.

Mais, si le praticien désire *cartographier une variable régionalisée* au lieu de sélectionner des blocs, l'estimation doit devenir ponctuelle. Dans ce cas, les éventuels effets de dérive sur le voisinage d'estimation ne peuvent être négligés. Par exemple, on ne peut se permettre de lisser des dômes ou des cuvettes. En cartographie, le praticien fera appel à la *géostatistique non stationnaire* qui généralise l'hypothèse intrinsèque.

Pour les besoins de l'exposé, nous considèrerons désormais que la variable régionalisée à cartographier est une altitude de même que nous avions adopté la teneur pour la géostatistique linéaire. En géostatistique non stationnaire, nous considérons que l'altitude à cartographier est affectée d'une dérive locale sur le voisinage d'estimation. Cette dérive peut être à l'ordre 1 : plan incliné ou à l'ordre 2 : arc de parabole (dômes et cuvettes).

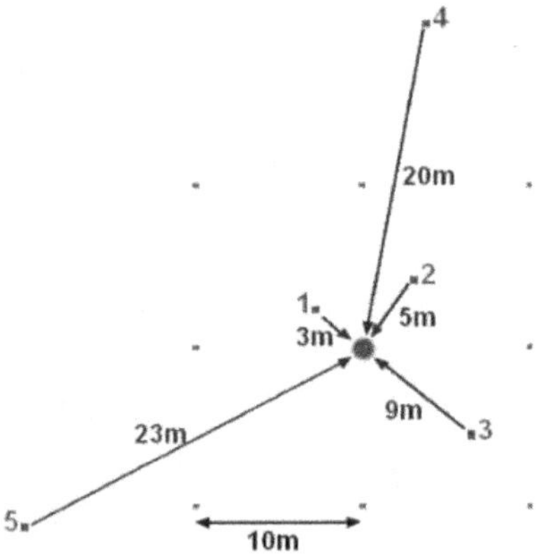

Figure 59 : Configuration d'estimation

Dans l'encadré ci-dessous, nous montrons comment passer d'une *condition de non-biais global* pour une dérive d'ordre 1 (Plan incliné) aux *conditions d'universalité* définissant des combinaisons linéaires autorisées censées respecter des hypothèses de micro-ergodicité et de stationnarité.

Condition de non-biais global pour une dérive d'ordre 1

Imaginons une dérive locale d'ordre 1 d'équation :

$$Moy\left(Z_{xy}\right) = a \cdot x + b \cdot y + c$$

$Moy\left(Z_{xy}\right)$ = dérive au point (x, y) du voisinage pour l'altitude Z.

La condition de non biais global s'écrit : $Moy\ (Z_0^*) = Moy(Z_0)$.

Cette condition de non-biais global se développe de la façon suivante :

$\lambda_1 \cdot Moy(Z_1) + \lambda_2 \cdot Moy(Z_2) + \lambda_3 \cdot Moy(Z_3) + \lambda_4 \cdot Moy(Z_4) + \lambda_5 \cdot Moy(Z) = Moy\ (Z_0)$

Soit, en n'écrivant que le 3ième terme :

$\cdots\cdots\cdots + \lambda_3 \cdot a \cdot x_3 + \lambda_3 \cdot b \cdot y_3 + \lambda_3 \cdot c + \cdots\cdots\cdots = a \cdot x_0 + b \cdot y_0 + c$

En identifiant les termes de même degré du polynôme, la condition de non biais se transforme alors en 3 conditions dans lesquelles les coefficients a, b, c n'apparaissent pas :

$\lambda_1 + \lambda_2 + \lambda_3 + \lambda_4 + \lambda_5 = 1$
$\lambda_1 \cdot x_1 + \lambda_2 \cdot x_2 + \lambda_3 \cdot x_3 + \lambda_4 \cdot x_4 + \lambda_5 \cdot x_5 = x_0$
$\lambda_1 \cdot y_1 + \lambda_2 \cdot y_2 + \lambda_3 \cdot y_3 + \lambda_4 \cdot y_4 + \lambda_5 \cdot y_5 = y_0$

Plus généralement, pour une hypothèse de dérive linéaire d'ordre 1, les combinaisons linéaires autorisées devront donc répondre à 3 conditions du type suivant :

$\lambda_1 + \lambda_2 + \lambda_3 + \lambda_4 + \lambda_5 + \lambda_6 = 0$
$\lambda_1 \cdot x_1 + \lambda_2 \cdot x_2 + \lambda_3 \cdot x_3 + \lambda_4 \cdot x_4 + \lambda_5 \cdot x_5 + \lambda_6 \cdot x_6 = 0$
$\lambda_1 \cdot y_1 + \lambda_2 \cdot y_2 + \lambda_3 \cdot y_3 + \lambda_4 \cdot y_4 + \lambda_5 \cdot y_5 + \lambda_6 \cdot y_6 = 0$

Ces conditions sont les *conditions d'universalité.* Les *combinaisons linéaires autorisées* respectant ces conditions sont censées être stationnaires. Elles constituent des fonctions aléatoires intrinsèques d'ordre 1.

En *géostatistique non stationnaire*, le krigeage est dit « universel ». Le krigeage universel est un krigeage à moyenne inconnue auquel se rajoutent des conditions d'universalité. Pour la dérive d'ordre 1 traitée dans l'encadré ci-dessus, le *krigeage universel* inclura 3 conditions d'universalité associées à 3 coefficients de Lagrange. Pour une dérive d'ordre 0, c'est-à-dire en l'absence de dérive, le krigeage universel se confond avec le krigeage à moyenne inconnue. Pour une dérive d'ordre 2, le krigeage universel comporte 6 conditions d'universalité puisqu'aux 3 conditions à l'ordre 1, il convient d'ajouter les termes correspondant à x^2, y^2 *et* xy. En théorie, le krigeage universel pourrait épouser localement toute dérive polynômiale inconnue dont il suffit de connaître le degré. En pratique, on ne dépasse pas l'ordre 2.

L'ensemble des *combinaisons linéaires autorisées* de recherche des estimateurs étant plus restreint qu'en *géostatistique linéaire*, le krigeage universel fournit des estimateurs plus éloignés d'une espérance conditionnelle théorique que le krigeage à moyenne inconnue. Le lissage est plus faible qu'en

Géostatistique linéaire puisque l'incertitude ne porte que sur les résidus aléatoires par rapport à une dérive qui se moule sur le relief. Le krigeage universel est donc bien adapté à des problèmes de cartographie mais, il ne conviendrait pas pour la sélection de blocs miniers.

L'analyse structurale porte sur les combinaisons linéaires autorisées, c'est-à-dire les « *Fonctions Aléatoires Intrinsèque à l'ordre K* » respectant les conditions d'universalité pour K= 0, 1 ou 2. Elle calcule des covariances généralisées (Equivalentes au variogramme en non stationnaire) et fournit le degré optimal de la dérive (Celui qui garantit la meilleure stationnarité sur le domaine cartographié).

- **<u>La Géostatistique non linéaire</u>**

Le choix de la linéarité pour les estimateurs en *géostatistique intrinsèque* met à notre disposition un formalisme de minimisation par moindre carré particulièrement commode. De plus, la linéarité nous permet d'estimer un bloc par un seul système d'équations. Nos choix méthodologiques sont donc largement influencés par les charmes de la linéarité pour la fonction d'estimation.

Néanmoins, un estimateur linéaire reste assez éloigné de l'espérance conditionnelle pour des modèles théoriques à distributions non symétriques. On observe notamment des comportements plus ou moins log-normaux sur beaucoup de gisements à faible teneur (cuivre, uranium, nickel, molybdène, etc.). Or, nous avons vu que l'approximation par un estimateur linéaire d'une espérance conditionnelle théorique censée être parabolique peut engendrer un biais conditionnel résiduel important.

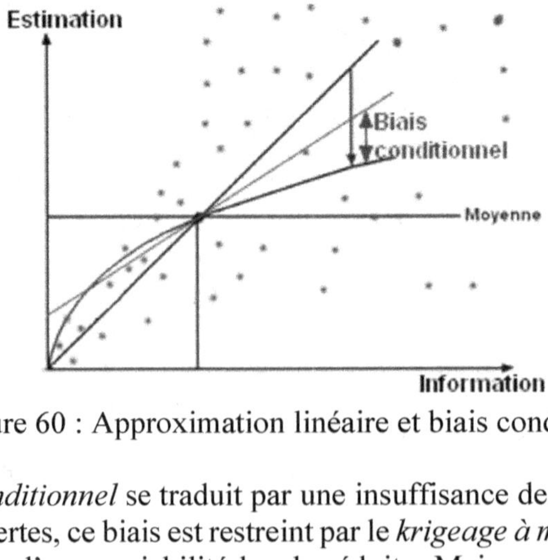

Figure 60 : Approximation linéaire et biais conditionnel

Ce *biais conditionnel* se traduit par une insuffisance de la régression aux fortes teneurs. Certes, ce biais est restreint par le *krigeage à moyenne inconnue* qui tire avantage d'une variabilité locale réduite. Mais, sur des gisements à faible teneur, les configurations d'estimation contenant un sondage exceptionnellement riche présentent implicitement une variabilité locale forte et induisent une surestimation importante par le krigeage. Pour corriger ces anomalies, il faudrait diminuer le poids des sondages particulièrement riches. C'est le rôle de la branche parabolique tracée sur la figure ci-dessus. Mais, un tel estimateur ferait perdre le charme du formalisme linéaire.

Le rôle de la Géostatistique non linéaire est d'opérer ce type de correction sur les estimateurs. En plus de la situation géographique de l'information dans la configuration d'information, la Géostatistique non linéaire devra prendre en compte sa position au sein de la distribution des données. Elle devra également respecter deux contraintes :

- Ne pas succomber à la facilité en opérant une estimation par moindres carrés sur des variables transformées jugées plus aptes à supporter des estimateurs linéaires. Cette méthode ne serait pas objective car elle implique de « croire » en un modèle théorique.
- Arriver quand même à tirer parti du formalisme linéaire qui est presqu'incontournable en pratique pour des estimations à plusieurs variables.

L'usage de la *géostatistique non linéaire* se cantonnant essentiellement au monde minier, nous simplifierons l'exposé dans ce qui suit en parlant à nouveau de teneurs (Variable Aléatoire notée T, réalisation notée t). Dès lors qu'on souhaite prendre en compte la position de l'information dans une distribution, il faut que la distribution globale ait un sens localement. Les méthodes de la Géostatistique non linéaire seront conçues sur des modèles topo-probabilistes théoriques inspirés par des hypothèses très fortes d'ergodicité et de stationnarité.

La première opération consiste à transformer la teneur en une variable aléatoire gaussienne via une anamorphose graphique (Voir encadré ci-dessous). Pour passer « graphiquement » de la variable brute T à une gaussienne Y centrée normée, dite anamorphosée inverse $Y = \Phi^{-1}(T)$. Il suffit d'attribuer à chaque réalisation de T la valeur de la gaussienne pourvue de la même fréquence cumulée dans la table de la loi normale. L'anamorphose directe $T = \Phi(Y)$ est alors ajustée par une fonction polynôme.

Ajustement de l'anamorphose directe $T = \Phi(Y)$ par des polynômes d'Hermite

Les polynômes d'Hermite normés $\eta_0 = 1$, $\eta_1 = -Y$, $\eta_2 = \frac{Y^2-1}{\sqrt{2}}$, $\cdots, \eta_i, \cdots$ sont des polynômes orthogonaux formant une base orthonormée pour l'espace de Hilbert des variables aléatoires fonction de Y. Cet espace est muni d'un produit scalaire : la covariance. Chaque η_i est défini par récurrence à partir de η_{i-1} et η_{i-2} .

Pour ajuster $\Phi(Y)$, il suffit de calculer ses coordonnées $C_0, C_1, C_2, C_3, \cdots, C_i, \cdots$ par produit scalaire (graphiquement) avec les polynômes d'Hermite. On obtient :

$$\Phi(Y) = C_0 \cdot \eta_0(Y) + C_1 \cdot \eta_1(Y)) + C_2 \cdot \eta_2(Y)) \cdots + C_I \cdot \eta_i(Y) + \cdots$$

Traditionnellement, on considère qu'il faut 30 polynômes d'Hermite pour un ajustement suffisant. Mais, moyennant quelques astuces, on peut travailler avec beaucoup moins.

Remarque : Le formalisme est plus simple qu'il n'y parait. Mais, il vaut mieux avoir des notions sur les espaces vectoriels avant d'aborder la Géostatistique non linéaire.

Pour estimer T, la première idée qui vient à l'esprit serait de kriger à moyenne connue (régression) la gaussienne anamorphosée inverse $\boldsymbol{Y} = \boldsymbol{\Phi}^{-1}(\boldsymbol{T})$ et d'en déduire l'estimateur de la variable T via le formalisme des polynômes d'Hermite. En théorie, l'estimateur ainsi obtenu aurait les vertus d'une espérance conditionnelle. Mais, une telle méthode serait tributaire d'un acte de foi totalement irréaliste en un modèle théorique et la réalité et dérogerait au principe même de la pratique des probabilités.

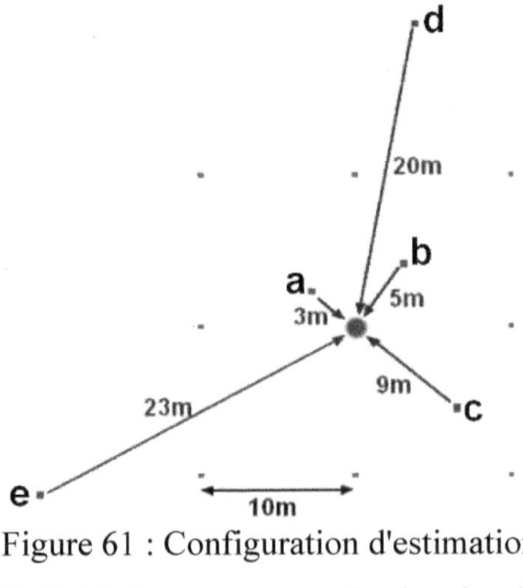

Figure 61 : Configuration d'estimation

Dans les années 70, G Matheron propose de chercher l'estimateur sous la forme d'une somme de *fonctions disjonctivement indépendantes* des informations. Sur notre configuration d'estimation à 5 sondages : a, b, c, d, e, un tel estimateur s'écrira : $F_a(T_a) + F_b(T_b) + F_c(T_c) + F_d(T_d) + F_e(T_e)$. Cette forme est moins générale que $F(T_a, T_b, T_c T_d, T_e)$, mais plus générale que $\lambda_a \cdot T_a + \lambda_b \cdot T_b + \lambda_c \cdot T_c + \lambda_d \cdot T_d + \lambda_e \cdot T_e$. Elle permettra donc une meilleure approximation de l'espérance conditionnelle théorique. L'opération qui minimise les écarts d'estimation pour des estimateurs de cette forme est un *krigeage disjonctif*. Le *krigeage disjonctif* est donc un compromis entre l'espérance conditionnelle inutilisable dans le monde réel et un estimateur linéaire. Le *krigeage disjonctif* est la méthode d'estimation de la *géostatistique non linéaire*.

Le *krigeage disjonctif* peut rebuter en raison de son formalisme complexe. L'essentiel est de retenir que le problème se simplifie fortement du fait de l'orthogonalité des polynômes d'Hermite (Voir encadré ci-dessous). La mise en œuvre d'un krigeage disjonctif est en fait assez simple. Il suffit de kriger indépendamment, linéairement et à moyenne connue (= régression linéaire) un certain nombre polynômes d'Hermite de la gaussienne anamorphosée inverse.

Les premiers essais du *krigeage disjonctif* à la fin des années 70 se sont révélés satisfaisants. Sur des gisements d'uranium, le krigeage disjonctif donne des résultats semblables à ceux du krigeage à moyenne inconnue dans les teneurs moyennes et évite la surestimation sur les configurations incluant des sondages très riches. Mais, pour l'estimation direct des teneurs, l'apport du krigeage disjonctif a été jugé insuffisant par comparaison avec krigeage à moyenne inconnue.

Mise en œuvre du krigeage disjonctif

La variable T à estimer au point rouge se décompose sur la gaussienne :

$$T = \Phi(Y) = C_0 \cdot \eta_0(Y) + C_1 \cdot \eta_1(Y)) + C_2 \cdot \eta_2(Y)) \cdots + C_I \cdot \eta_i(Y) + \cdots$$

Il nous suffit d'estimer $\eta_i(Y)$ pour tous les degré i par une fonction de la forme :

$$KD_i = F_a(Y_a) + F_b(Y_b) + F_c(Y_c) + F_d(Y_d) + F_e(Y_e)$$

Minimisons donc $\Delta = E\ (\eta_i(Y) - KD_i)^2$ sachant que, par exemple, $F_c(Y_c)$ es une fonction inconnue qui se décompose sur la base des polynômes d'Hermite :

$$F_c(Y_c) = \lambda_{0,C} \cdot \eta_0(Y_c) + \lambda_{1,C} \cdot \eta_1(Y_c) + \lambda_{2,C} \cdot \eta_2(Y_c) \cdots + \lambda_{i,C} \cdot \eta_i(Y_c) + \cdots$$

La décomposition de Δ parait alors bien compliquée surtout pour nous qui avons décidé de ne pas recourir au système de notation formel adapté.

Tous les termes seront du type $\lambda_{i,a} \cdot \lambda_{j,C} \cdot E(\eta_i(Y_a)\,.\,\eta_j(Y_c))$

Mais, c'est là que le petit miracle se produit :

- Les coefficients $E(\eta_i(Y_a)\,.\,\eta_j(Y_c))$ sont tous nuls pour $i \neq j$. Ceci étant, reste encore des termes du type $E(\eta_j(Y_a)\,.\,\eta_j(Y_c))$ pour lesquels l'indice est différent du degré i du polynôme d'Hermite à kriger.
- Mais, les pondérateurs affectés à ces termes sont obligatoirement nuls à l résolution du système d'équation aux dérivées partielles. Les seuls pondérateurs non nuls sont ceux dont l'indice est égal au degré du polynôme d'Hermite à kriger. De ce fait, le krigeage disjonctif équivaut simplement à kriger à moyenne connue les polynômes d'Hermite aux différents degrés.
- Les coefficients $E(\eta_i(Y_a)\,.\,\eta_i(Y_c))$ de ces différents krigeages sont égaux à $Cov\ (Y_a, Y_c\,)^2$. Or, $Cov\ (Y_a, Y_c\,)$ est facilement obtenu par l'analyse structurale de la gaussienne, la covariance étant liée formellement au variogramme en cas de teneur stationnaire.

En revanche, le krigeage disjonctif est l'outil idéal pour l'estimation des *fonctions de récupération sur des mines sélectives* exploitant des gisements à faible teneur. Les fonctions de récupération sont la proportion de minerai sélectionné par coupure en cours d'exploitation et la teneur en métal contenu dans ce minerai. Elles traduisent le résultat d'une sélection future sur la base d'une information fine non encore disponible. (Voir La *gestion de la réserve sur une mine* dans le Chapitre 5). Les fonctions de récupération à toute coupure se décomposent sur la même base de polynômes d'Hermite que la teneur. De ce fait, on krige les polynômes d'Hermite par blocs, on stocke leurs estimations dans un fichier et on reconstitue sans refaire de krigeage l'estimateur de n'importe quelle fonction de récupération à n'importe quelle coupure et pour n'importe quel support de sélection.

Remerciements

Ce livre est une compilation de méthodes que j'ai utilisées pendant mes 42 années de carrière de praticien des sciences de la terre. Mais, je ne les ai pas inventées personnellement. Mes remerciements vont à ceux qui ont développé ces méthodes et qui les ont mises à ma disposition. Ils vont également à ceux qui m'ont permis de les mettre en œuvre sur le terrain.

Par ailleurs, je tiens à rendre hommage aux 3 personnalités, aujourd'hui décédées, qui ont le plus influencé ma vie professionnelle.

En 1975, **Georges Bigotte** (†), chef du CEA-GAM, m'a confié le travail de thèse qui allait devenir ce livre 50 années plus tard. L'idée était de réaliser une synthèse entre la prospection minière et les concepts probabilistes développés par le Professeur Georges Matheron. Mes remerciements vont également à mes collègues du GAM qui m'ont alors initié aux ficelles de la prospection de l'uranium.

Des années 70 au début des années 80, c'est auprès de **Georges Matheron** (†), directeur du Centre de Géostatistique et de Morphologie Mathématique de l'Ecole des Mines, que j'ai acquis l'essentiel des connaissances reprises dans ce livre. Mes remerciements vont également aux chercheurs du centre qui m'ont progressivement aidé à assimiler des notions parfois un peu ardues.

Plus tard dans les années 80, la dérive spéculative du secteur minier remettait en cause l'intérêt du métier que je m'étais choisi. C'est dans cette ambiance un peu déprimante que **Claude Dauchy** (†), directeur des mines de fluorine de SOGEREM (Groupe Pechiney) m'a appris comment réagir avec pragmatisme face aux difficultés. Grâce à ses conseils, j'ai poursuivi ma carrière en indépendant sans trop renier mes convictions de jeunesse.

Glossaire

Classe : Ensemble d'objets ayant plusieurs propriétés en commun et susceptible de partager une interprétation commune. Un jeu de propriétés communes définit la classe. Les autres propriétés communes sont induites. Le rattachement à une classe d'un objet inconnu permet de prédire les propriétés induites avec certitude et les propriétés variables avec incertitude. Dans ce livre, le terme de classe est utilisé pour tous les niveaux d'une classification contrairement aux usages de la taxonomie des êtres vivants.

Distribution : Tableau réel ou fonction théorique associant une fréquence d'apparition à des propriétés s'excluant mutuellement sur une classe d'objets. Pour une propriété, la distribution peut se résumer à la fréquence de sa présence dans la classe ou peut être la table des fréquences des sous-propriétés. Pour une variable aléatoire continue, la distribution est donnée sous la forme de fréquences cumulées.

Echelle : A taille « papier » identique, une carte à petite échelle (1/1 000 000e) représentera un territoire plus vaste qu'une carte à grande échelle (1/5 000e) puisque la fraction « taille papier / taille terrain » est plus petite. Cette définition rigoureuse s'oppose à l'usage courant qui tend à inverser petite et grande échelle. Pour cette raison, nous parlerons d'échelle régionale pour un phénomène se développant sur un vaste territoire et d'échelle locale pour un phénomène se développant sur un territoire restreint.

Ergodicité : Propriété d'un champ de variables qui partagent les mêmes réalisations. L'ergodicité permet d'utiliser des réalisations dans l'espace en lieu et place de réalisation dans le temps. Une forêt naturelle sera ergodique car constituée d'arbres d'âges et de tailles différents. En revanche, une forêt artificielle plantée à une même date n'est pas car constituée d'arbres ayant le même âge et la même taille. L'ergodicité est un concept purement théorique qui fait correspondre une distribution objective de fréquences dans l'espace et une distribution de probabilités en un point qui, elle, n'a rien d'objectif. Dans le monde réel, l'ergodicité n'est qu'une hypothèse susceptible d'inspirer des méthodes.

Incertitude sur le savoir : Ressenti non objectif à l'égard d'événements fortuits imprévisibles (Hasard). Tout savoir induit à partir de cas particuliers déjà rencontrés pourra être réfuté sur des cas encore inédits. Cette forme d'incertitude est incontrôlable. Le praticien doit se contenter d'espérer que le cas auquel il est confronté n'est pas celui qui réfutera son savoir pratiqué.

Incertitude simulée : Ressenti non objectif à l'égard d'un champ d'événements possibles identifiés (hasard). Chaque événement est muni d'une distribution de probabilité également non objective. Cette distribution peut être remplacée par la distribution des fréquences d'une population réelle prise en modèle. Le choix de ce modèle confère un statut objectif à l'incertitude simulée qui est alors intégrable à des méthodes utilisables en pratique.

Inférence par induction : Mode d'inférence d'un savoir général à partir d'un ensemble de cas particuliers. Le soleil s'étant levé tous les jours, nous inférons par induction qu'il continuera à le faire. Ce savoir général induit est potentiellement faux. Il faut s'en contenter sans y croire : on est mieux soigné aujourd'hui qu'hier et on le sera encore mieux demain. L'induction n'est pas à l'origine du savoir qui progresse par réfutation des savoirs précédents.

Inférence par déduction : Utilisation d'un savoir induit sur un cas particulier. Je sais que tout animal portant des plumes est muni d'un bec. J'en déduis avec certitude que tout nouvel animal inconnu portant des plumes sera muni d'un bec.

Inférence par abduction : Utilisation d'un savoir induit sur un cas particulier. Je sais que tout animal portant des plumes est muni d'un bec. Il se pourrait donc qu'un nouvel animal inconnu portant un bec soit également muni de plumes. Mais, ce n'est pas certain (Ornithorynque).

Inférence statistique : Mode d'inférence favori des objectivistes. Au-delà d'un certain nombre de cas, on « croit » pouvoir diagnostiquer un modèle théorique sous-jacent et estimer ses paramètres à partir des données expérimentales. Cette approche, dépourvue d'objectivité, est le fait de certains statisticiens. Elle est dénoncée dans ce livre.

Inférence bayésienne : Mode d'inférence favori des subjectivistes. L'accumulation d'observations en faveur d'une hypothèse ferait croitre la probabilité qu'elle soit vraie. La probabilité s'interprète comme un degré de vraisemblance ou une plausibilité. Les subjectivistes utilisent le théorème de Bayes pour faire croitre cette probabilité. Cette approche, dépourvue d'objectivité, est le fait de beaucoup d'informaticiens férus d'intelligence artificielle. Elle est dénoncée dans ce livre.

Krigeage : En pratique des probabilités dans l'espace, le krigeage désigne une méthode qui permet d'ajuster par moindres carrés une fonction d'estimation sur une variable régionalisée. Cette fonction d'estimation est objective car *elle continuerait d'exister si la variable régionalisée est parfaitement connue*. Le krigeage reproduit l'effet de lissage qui, à l'instar de la régression, traduit la perte économique résultant des erreurs de sélection dans l'espace.

Méthode : Ensemble d'actions coordonnées pour résoudre un problème. La méthode scientifique vise à rechercher l'explication d'un phénomène.

Méthode monoscopique : Méthode conçue pour répondre à un seul objectif.

Méthode panscopique : Méthode conçue à tous les objectifs en même temps.

Méthode de décision : Méthode d'aide à la décision développée sur un modèle pour choisir le traitement qui sera appliqué à tout objet rattaché à ce modèle avec ou sans conditionnement.

Méthode d'investigation : Méthode collectant des informations sur un objet particulier en vue de le rattacher à un modèle. L'investigation progresse en éliminant les modèles de rattachement imposant des conditions absentes sur l'objet particulier.

Micro-ergodicité : Ergodicité du variogramme aux faibles distances.

Modèle prédictif : Ensemble d'objets défini par certaines propriétés communes d'une classe d'objet. Si ces propriétés déterminent la classe, le modèle est confondu avec elle. Sinon, il l'englobe. Tout nouvel objet possédant ces propriétés est rattaché au modèle et on prédit qu'il en possédera les propriétés. Les propriétés variables du modèle traduisent l'incertitude sur cette prédiction. Dans ce livre, un tel modèle prédictif sera simplement baptisé « modèle »

Modèle théorique : Formalisme ou logique idéale imitant la réalité représentée par un modèle prédictif. Un modèle théorique est fonction de l'interprétation de la classe au cœur du modèle. Son rôle est d'inspirer des méthodes qui restent cependant à valider en pratique.

Modèle probabiliste : Modèle théorique issu du formalisme de la théorie des probabilités. Son rôle est d'inspirer des méthodes d'estimation intégrant les erreurs de sélection.

Objectivité : Un énoncé est objectif s'il est exclusivement fondé sur les propriétés matérielles d'objets pensés. Il exclut toute forme de croyance ou d'opinion d'un sujet pensant. Le critère d'objectivité de Karl Popper est la réfutabilité car la vérifiabilité est impossible sur un ensemble de cas particuliers qui n'équivaut jamais à un cas général.

Objectivité Interne : L'énoncé objectif concerne un objet unique circonscrit dans l'espace. Il est réfutable « en interne » par l'ajout d'information sur cet objet qu'on peut imaginer connaitre parfaitement. En sciences expérimentales, on peut réfuter ou vérifier une théorie sur un domaine couvert par l'expérience. En estimation dans l'espace, on peut réfuter ou vérifier le variogramme si densifie la reconnaissance jusqu'à connaitre la teneur en tout point du gisement. *Le critère de l'objectivité devient alors l'existence réelle de la grandeur à estimer.*

Objectivité Externe : L'énoncé objectif concerne un ensemble d'objets partageant des propriétés communes. Il est réfutable « en externe » par la survenue de facteurs imprédictibles. Toute forme de vérifiabilité est exclue. En sciences descriptives, une interprétation n'est pas vérifiable. En estimation dans le temps, les distributions de fréquences peuvent être réfutées par des dérives imprévisibles.

Objectiviste : Les objectivistes n'attribuent aucune objectivité à une distribution de probabilités. Mais, ils croient que les distributions de fréquence observées sur une population modèle révèlent un ordre caché. Via l'inférence statistique, ils déterminent la nature et les paramètres des modèles théoriques sous-jacents à la réalité.

Objet : Construction opératoire impartiale émanant de sujets pensants et destinée à être décrite et étudiée. Un objet peut être une chose physique, un phénomène, un essai au cours d'une expérience, etc…

Objet rattaché : Objet pourvu d'informations permettant de le rattacher à un modèle.

Objet réalisé : Objet pourvu d'une connaissance complète et donc susceptible de figurer dans un modèle

Plausibilité : Probabilité qu'une hypothèse (croyance) soit vraie. Une plausibilité est subjective et ne peut être simulée objectivement sur des classes d'objets.

Prédiction : On prédit des propriétés d'un objet rattaché à une classe. La prédiction est certaine si la propriété prédite est une propriété commune de la classe. La prédiction est incertaine si on veut prédire une propriété variable ou une variable aléatoire. L'incertitude de la prédiction est alors la distribution de la propriété variable ou de la variable aléatoire.

Propriété : Une propriété caractérise un objet en tout ou rien. Une propriété est présente ou absente sur un objet. Une propriété peut de décliner en sous-propriétés qui s'excluent mutuellement. Ainsi, la propriété « être coloré » se décline en vert, rouge, bleu, ... La présence d'un autre objet est une propriété d'un objet.

Ressource : Terme générique désignant toute matière minérale ou vivante susceptible après transformation de répondre aux besoins de l'humanité. A ne pas confondre avec la notion anglo-saxonne de ressource située au cœur des « Reporting Codes » miniers. Cette notion non clairement définie est destinée, au mieux, à traduire de façon sommaire la valeur d'une concentration minérale, au pire, à tromper ses interlocuteurs commerciaux. Elle relève de la croyance et est dénoncée dans ce livre.

Régression : La sélection par coupure sur une variable informante corrélée à la valeur engendre des erreurs dont le cumul se traduit par une perte de valeur. Il y a donc régression vers le bas de la variable valorisante proportionnelle à la valeur. Le constat est symétrique pour la fraction basse. En conséquence, on observe une régression vers la moyenne sur des intervalles étroits de la variable informante. Le terme de régression désigne également la méthode qui reproduit l'effet de régression en ajustant au sens des moindres carrés une fonction d'estimation sur une population modèle.

Stationnarité : Propriété d'un champ de variables qui ont la même distribution de probabilité en tous points. La stationnarité est un concept purement théorique portant sur des distributions de probabilités n'ont rien d'objectif. Dans le monde réel, la stationnarité n'est qu'une hypothèse susceptible d'inspirer des méthodes.

Subjectiviste : Les subjectivistes n'attribuent aucune objectivité à une distribution de probabilités. Mais, ils croient que des probabilités subjectives peuvent constituer un outil d'acquisition du savoir. Ils cautionnent l'idée que l'accumulation d'arguments en faveur d'une théorie contribue à la rendre plus plausible et au final à la valider.

Traitement : Ensemble d'actions que le praticien décide d'appliquer à un objet particulier en s'aidant d'une méthode de décision.

Variable aléatoire : Une variable aléatoire se décline sur un champ continu de valeurs numérique. Par exemple, un objet peut être muni d'une variable aléatoire teneur.

Bibliographie

Agricola, Georgius. *De Re Metallica*, 1556. Traduit du latin par Albert France-Lanord-V5. Editeur : Gérard Klopp

Bouchind'homme, Jean-François. Gestion des Ressources en terre – Octobre 2013. N° 207 – Hors-Série de Mines et Carrières (Bulletin de la Société de l'Industrie Minérale).

Crouzet, Vincent. Une affaire atomique - 2017, Editeur Robert Laffont

Erhart, Henri. *La genèse des sols en tant que phénomène géologique. Esquisse d'une théorie géologique et géochimique. Biostasie et rhexistasie,* 1951. Editeur : Masson, Paris

Matheron, Georges. *Traité de Géostatistique appliquée*, 1962–1963. coll. « Mémoires du Bureau de recherches géologiques et minières » (no 14, 24), Editeur : TECHNIP.

Matheron, Georges. *Estimer et choisir : essai sur la pratique des probabilités*, 1978. coll. « Les Cahiers du Centre de morphologie mathématique de Fontainebleau » (no 7). Editeur : École Nationale Supérieure des Mines de Paris,

Matheron, Georges. *Les concepts de base et l'évolution de la géostatistique minière*, 1976
Advanced Geostatistics in the Mining Industry - Proceedings of the NATO Advanced Study Institute held at the Instituto di Geologia Applicata of the University of Rome, Italy, 13–25 October 1975
Editors : Guarascio, M., Huybrechts, C.J., David, M. (Eds.)

Rabinovitch, Michel. *Les trésors de la terre*, 2000. Editeur : Société de L'Industrie Minérale.

Routhier, Pierre. *Les Gisements métallifères, géologie et principes de recherches*, 1963. Editeur : Masson, Paris

Routhier, Pierre. *Essai critique sur les méthodes de la géologie : de l'objet à la genèse*, 1969. Editeur : Masson, Paris

Biju Duval, Bernard. *Géologie sédimentaire, bassins, environnements de dépôt, formation du pétrole*, 1999. Editeur : TECHNIP

Lethiers, Francis. *Evolution de la biosphère et événements géologiques*, 1998. Editeur : Gordon and Breach Science Publishers.

Gleick, James. *La théorie du chaos. Vers une nouvelle science*, 1989. Editeur : Albin Michel.

KRIGE D. G. *Lognormal-de Wijsian Geostatistics for Ore Evaluation* Published by the South African Institute of Mining and Metallurgy - Kelvin House, 2 Hollard Street, Johannesburg

Ruelle, David. *Hasard et chaos*, 1991. Editeur : Odile Jacob.

Ouvrage collectif. *Les Sciences : les grandes idées tout simplement*, 2015. Editeur : DK.

Atkins, P.W. *Chaleur et désordre. Le deuxième principe de la thermodynamique*, 1987. Coll. « Pour la Science » ; Editeur : Bellin.

Coulomb, Jean. *L'expansion des fonds océaniques et la dérive des continents*, 1969. Editeur : Presses Universitaires de France.

Giraudon, Robert : *La thèse du Groupement intergouvernemental d'experts sur l'évolution du climat (GIEC) sur le réchauffement climatique est-elle recevable ?* Mai 2012. N° 192 – Hors-Série de Mines et Carrières (Bulletin de la Société de l'Industrie Minérale).

Popper Karl : *La connaissance objective* 2009 - Champs Essais – Flammarion

Poincaré Henri : *La science et l'hypothèse* 2014 - Champs Sciences – Flammarion

Dussutour Audrey : Tout ce que vous avez toujours voulu savoir sur le blob sans jamais oser le demander. Editions des Equateurs / Science

Diane Francis : BRE-X, THE INSIDE STORY, Key Porter Books Limited, Toronto, Ontario, Canada, 1997

www.ingramcontent.com/pod-product-compliance
Lightning Source LLC
LaVergne TN
LVHW010930051026
849532LV00003B/919